大是文化

元宇宙
懂這些就夠

U0020941

大白話說明，元宇宙如何改變你的吃喝玩樂、
上班、創作與賺錢模式，早習慣早過好日子。

元宇宙未來科技集團CEO
黃安明
金融管理博士
晏少峰————————著

Contents

PART 1　理念篇

第 1 章　30 年前，科幻作家就已預言 ／ 15

《潰雪》啟示錄／電影《一級玩家》先示範給你看／只有內容還不夠，產業鏈更要支援／ 2050 年，虛就是實，《一級玩家》變真實

第 2 章　真宇宙與元宇宙之間，如何穿透？／ 35

演唱會、畢業典禮的形式，正在改變／創造自己的世界，你需要這些工具／社交網路 3.0，從即時通、臉書到虛擬世界／虛擬貨幣，怎麼拿來現實世界用？／真的我、假的我，哪個我說了算？

第 3 章　通向元宇宙的技術路徑 ／ 51

網路環境，是通訊基礎／ VR、AR、MR 有什麼不一樣？／有了 AI 計算能力，內容才可以被看見／誰來保障你的數位資產及交易／ 3D 技術太難用，改用立體像素方塊

PART 2　產業篇

第 4 章　打造產業鏈的七個層次 ／ 69

不用再搶票，人人都能坐在搖滾區／即時連線好友，距離再遠都能馬上開房間／創作者經濟，技術引爆創意革命／空間計算，打造數位分身／去中心化：區塊鏈、DeFi 與 NFT ／人機一體，玩家不再頭暈目眩／四大技術基底，缺一個就不是真的元宇宙

PART 5 未來篇

推薦序

看見未來，做好準備，
一起進入元宇宙

元智大學行銷學群助理教授／朱訓麒

　　如果在 20 年前，有人跟你說：「在不久的將來，人人都會有一支智慧手機，而且生活與它難分難捨，不管是工作、搜尋資料、看新聞、購物、社交，甚至是教育、醫療、軍事、政府治理的運作方法，都將被手機改變，且全世界皆如此。有了智慧手機的人類就像是個新物種，跟不上的就會被淘汰，我們快點來做好準備。」你大概不會相信他，甚至認為他是個瘋子。但在 2007 年，世界上第一支 iPhone 上市後，短短的十幾年間，世界就被網路科技天翻地覆的改變了。

　　「看見未來，做好準備」是競爭力的主要來源，也是最直接的。如果在 20 年前你便開始投資 Apple（蘋果）、Amazon（亞馬遜）、Facebook（臉書，2021 年公司名稱更改為 Meta）、Google（谷歌）、Microsoft（微軟）等公司，今日將會有驚人的回報，也可以少奮鬥好幾年。「元宇宙」是科技發展下，即將進入的未來，全球許多大企業都已經積極投入，媒體也大篇幅的報導。然而，

能夠將元宇宙概念說明清楚，讓人能感同身受、身歷其境，同時了解生活將會如何被影響，並有機會做好準備的書籍並不多。

《元宇宙，懂這些就夠》這本書深入淺出，非常有邏輯的從理念與原理、整體產業發展、個體企業實踐、應用場景、未來發展等幾大議題去說明元宇宙，並舉出很多真實案例與電影、遊戲劇情，**讓不具有科技知識的一般人，也能夠輕鬆理解吸收。**

舉與每個人息息相關的電子商務為例，在本書「PART 4 賦能篇」提到，元宇宙可讓消費者透過 VR、AR 等裝置，就像是穿越般進入到一個虛擬的世界參觀、活動、生活，十分逼真。因此，消費者可以坐在家中，就輕鬆的到全世界旅遊，從義大利羅馬競技場到美國大峽谷，數秒鐘就可切換、抵達，且彷彿就在眼前一樣真實，這對於旅遊、運動、演唱、博物館等體驗服務產業，將會有很大的影響。

相同的道理，消費者可進入元宇宙購物，廠商可以向全世界的消費者以 3D 形態展示產品，並以數據加持的數位廣告，做 24 小時的精準行銷。有了科技的幫助，消費者可以在元宇宙隨意試用化妝品、試穿服飾、更換髮型及妝容，或模擬各款家具放入家中的樣子，以確保買到心儀的產品。

以上的描述並非未來，阿里巴巴、騰訊、臉書、IKEA（宜家家居）等企業已經推出了相關的服務，且不斷優化中。誠摯邀請你閱讀本書，一起進入元宇宙。

前言

現實與虛擬交織的數位平行世界

　　1992 年，科幻作家尼爾‧史蒂文森（Neal Stephenson）在其創作的小說《潰雪》（*Snow Crash*）中，描述了一個名為「元宇宙」（Metaverse）的多人線上虛擬世界，使用者在其中以「化身」（Avatar）的形式參與活動。

那麼，什麼是元宇宙？

　　Metaverse，是由 Meta 和 Verse 兩個字根組成，Meta 可譯為元或超越，Verse 由 Universe 演化而來，意為宇宙。元宇宙，即借助虛擬實境（Virtual Reality，簡稱 VR）、擴增實境（Augmented Reality，簡稱 AR）等數位技術搭建的虛擬時空的合集。在元宇宙中，擁有與現實世界相像的社會和經濟系統，現實世界中的個體，可以借助數位化身分存在其中。由史蒂芬‧史匹柏（Steven Spielberg）執導的電影《一級玩家》（*Ready Player One*），就講述了一個類似元宇宙的故事。

　　元宇宙雖然基於網際網路而生，但並不是一個簡單的虛擬網

路。隨著各種數位技術的成熟和商用的普及，元宇宙所要建構的是一個囊括使用者、網路和各種終端設備的永續、廣覆蓋的虛擬實境系統。這個虛擬現實系統與現實世界相互聯通、平行存在。在這個如同真實宇宙一般的數位宇宙中，使用者不僅可以借助虛擬身分進行娛樂、社交等活動，還可以利用平臺資源來創作，並將作品轉化為虛擬資產，真正的沉浸體驗一切。

元宇宙的出現，是數位進化的必然

2021 年是元宇宙元年，這意味著人類社會正在從物理世界向數位世界遷徙，並最終進入虛擬與現實融合交織的數位平行世界。5G、區塊鏈、虛擬實境、擴增實境、混合實境（Mixed Reality，簡稱 MR）、空間計算、人工智慧物聯網（AIoT，將人工智慧技術與物聯網〔Internet of Things，簡稱 IoT〕基礎設施相結合，以達到更高效率，改善人機互動，增強數據管理和分析）、大數據、3D 引擎等前沿技術的深度融合，構築起元宇宙的數位基底。

不妨大膽設想：在一個與現實世界類似的虛擬空間中，我們的化身在其中生活、工作、創作和交易，而且所有活動都不受現實因素所制約。那麼，個人的認知、體驗乃至價值觀等，必定會發生翻天覆地的變化。

但從另一個角度來看，現實世界與虛擬空間的界線越來越模糊以後，個體的真實身分與虛擬身分是否能自在的轉換？元宇宙

中的社會關係，是否會影響個體的現實生活？元宇宙中的經濟系統，如何與現實世界中的經濟系統並行存在？虛擬空間與現實世界的制度如何兼容？個體存在的形態是「人」還是其他，存在的意義又是什麼？元宇宙雖然因技術而生，但此類問題所引發探討的已經不僅僅局限於技術範疇，更涉及商業模式以及文明生態。

中國經濟學家朱嘉明提出：元宇宙的內涵吸納了資訊革命、網路革命、人工智慧革命，VR、AR、擬真現實（Emulated Reality，簡稱 ER）、MR、遊戲引擎等虛擬實境技術革命成果，向人類展現打造**與傳統物理世界平行的全息數位世界**（按：全息，透過記錄物體反射光波中所有訊息，使影像產生立體感，彷彿就在眼前一樣）的可能性；引發了資訊科學、量子科學、數學和生命科學的互動，改變了科學典範；推動了傳統的哲學、社會學，甚至人文學科體系的突破；融合了區塊鏈技術及非同質化代幣（Non-fungible token，簡稱 NFT）等數位金融成果，豐富了數位經濟轉型模式。

元宇宙為人類社會實現最終數位化轉型，提供了新的路徑，與「後人類社會」發生全方位交集，展現了一個與大航海時代、工業革命時代、太空時代同樣具有偉大歷史意義的新時代。

大白話解析，現在、未來將怎麼改變

作為數位文明的高階形態，元宇宙不僅在全球掀起新一波的

科技與資本浪潮，甚至會對人類社會經濟、治理體系、倫理價值等產生深刻而廣泛的影響。在不遠的將來，我們工作、學習、社交、娛樂、消費都可以在當中進行，獲得沉浸式體驗。

本書將有系統的介紹元宇宙的前世今生與演變脈絡，全面闡述技術架構、產業生態與實現路徑，細心梳理了全球科技企業在該領域的實踐與布局，深度解讀產業鏈中的創業與投資機會，並試圖**描繪元宇宙在遊戲、社交、電商、行銷、建築、設計等各領域的應用，以期為讀者勾勒出一幅未來圖景**。本書共分為理念篇、產業篇、實踐篇、賦能篇（empowerment，此處意指協助舊有領域發展新的應用或可能）、未來篇五個部分：

· **理念篇**：詳細剖析元宇宙的核心特徵與要素、實現路徑，與其背後的技術原理與支撐體系。

· **產業篇**：從產業生態的角度，重點梳理元宇宙七層產業鏈，涵蓋體驗層、發現層、創作者經濟層、空間計算層、去中心化層、人機界面層、基礎設施層，並從硬體、軟體、內容、交易等四個層面詳細拆解，旨在幫助讀者抓住元宇宙風口下的紅利機會。

· **實踐篇**：本篇詳細梳理了臉書、輝達（NVIDIA）、微軟、3D 遊戲引擎公司 Unity、Decentraland、騰訊、百度、阿里巴巴、字節跳動等全球科技企業巨頭，在元宇宙領域的實踐與布局，為

相關投資者和創業者提供借鑑和參考。

・**賦能篇**：元宇宙被視作「未來的數位化生存」，將對人類社會的經濟系統與商業模式，產生深刻而廣泛的影響。本篇深度剖析元宇宙在區塊鏈、遊戲、電商、行銷、建築等領域的應用場景，展望並研判其商業價值，以期推動各行業的深度融合。

・**未來篇**：本篇從科技進化的角度，探討科技、文明與人類未來的關係，引導讀者思考人類社會將如何通往數位文明之路。

PART 1

理念篇

第 1 章

30 年前，
科幻作家就已預言

1. 《潰雪》啟示錄

元宇宙的概念雖然在 2021 年得到關注，但其出現的時間，可以追溯至行動網路出現之前。1992 年，科幻作家尼爾・史蒂文森在其創作的科幻小說《潰雪》中，描述了一個名為元宇宙的多人線上虛擬世界，使用者在其中以化身的形式參與活動。

小說的主角名為「英雄・主角」（Hiro Protagonist），在現實世界中是一名披薩外送員，專門為已經控制了美國的黑手黨送餐。但不工作的時候，他可以透過特別的設備，以化身的形式進入元宇宙，從事與現實世界類似的活動（比如吃飯、交談），或一些特殊的活動（例如擔任間諜）。

在小說所描述的元宇宙中，其情形與現實世界既有一定的相似，又有很多差別，比如大街上也有很多人穿梭來往；不過這個世界運行的規則和其中的骨幹，由「電腦協會全球多媒體協議組織」制定，而且化身在購買土地開發許可證後，便可以自行建造樓宇、公園等。

與小說中的「化身」一詞同名的好萊塢電影《阿凡達》（Avatar），其靈感正源於此。導演詹姆斯・卡麥隆（James Cameron）在電影中所構建的世界，實際上也相當於將元宇宙和化身兩個概念，以更加具體的形式呈現在人們眼前。在《阿凡達》中，人類可以借助技術化身成阿凡達，並進入遙遠的星球潘朵拉

開採資源。在這個星球上，你既可以做與現實世界相同的事情，也可以做在現實世界中不能做到的事情。

比如，電影的主角在現實世界中，是一名受傷後僅能以輪椅代步的前海軍人員，而在潘朵拉星球上，他可以自在的活動。不僅如此，在這個雲端數位世界中，世界運行的規則也不再受現實世界限制。

除了《阿凡達》外，由史蒂芬・史匹柏執導的電影《一級玩家》也講述了一個與元宇宙概念相關的故事。

由於元宇宙是基於網路而誕生的，因此兩者具有共同之處，即一直處於發展的過程中，不受某個個體控制。而且，元宇宙與現實世界平行，具有與現實世界相連接的空間感知特點。

掀起全球資本浪潮

2021 年，元宇宙概念席捲全球，吸引了全球科技巨頭與資本的關注，如右頁表 1-1 所示。

在中國，百度、騰訊、字節跳動都開始布局。2021 年 4 月，字節跳動向元宇宙概念公司代碼乾坤投資 1 億元（按：本書幣值若無特別標注，皆為人民幣，依 2022 年 7 月底匯率計算，人民幣 1 元約等於新臺幣 4.43 元）；8 月，字節跳動斥資 10 億元收購了元宇宙巨頭 Pico，正式進入 AR 領域。騰訊申請了二十多個元宇宙商標，包括王者元宇宙、魔方元宇宙、QQ 元宇宙、飛車元宇

表 1-1　全球科技企業在元宇宙領域的布局

公司	元宇宙布局
騰訊	社交：微信、QQ（按：一種通訊軟體）； 遊戲：Roblox、Epic Games； 內容：騰訊泛文娛產業鏈； 基礎設施：微信支付、騰訊雲、騰訊會議。
臉書	VR 設備：OculusVR； 社交平臺：Horizon； 加密貨幣：Libra（現更名為 Diem）； 社交：Instagram、WhatsApp、Facebook。
谷歌	基礎設施：谷歌雲端、安卓平臺； 遊戲：Stadia； 內容：YouTube VR。
輝達	基礎設施：Omniverse 協作平臺、顯示卡、算力平臺等。
Epic Games	遊戲：《要塞英雄》（*Fortnite*）；基礎設施：虛幻引擎。
字節跳動	社交：抖音； 遊戲：朝夕光年、Ohayoo、代碼乾坤； 基礎設施：巨量引擎、飛書（按：一種企業協作與管理平臺）。

宙等。2021 年 8 月，百度啟用了「百度世界 2021 VR 分會場」，用無數晶片、積體電路、海量資料，為使用者創造了一個別開生面的「百度世界」。

在國外，各大網路企業的布局競爭同樣激烈。2021 年 7 月，臉書聯合創始人、首席執行官馬克・祖克柏（Mark Zuckerberg）提出臉書向元宇宙轉型的計畫。10 月 29 日，祖克柏在 Facebook Connect 發布會中正式宣布，公司將更名為 Meta。他在活動中詳

細闡述對元宇宙的願景：「我們已經從桌電經過網路再到手機，從文字經過照片走到影片，但這還不是終點。下一個平臺和媒體將是更具沉浸感和具體的網路，**在那裡你可以體驗一切，而不僅僅是看著它，我們稱之為元宇宙。**」

微軟在全球合作夥伴大會上，發布了企業元宇宙解決方案，致力於幫助企業客戶實現數位世界與現實世界的融合。遊戲公司 Epic Games 獲得 10 億美元（按：依 2022 年 7 月底匯率計算，美元 1 元約等於新臺幣 29.96 元）的融資，用於開發元宇宙業務。此外，谷歌、網易、HTC 等科技企業也積極布局。據彭博社（按：全球最大的財經資訊公司，主要提供經濟資訊的平臺）預測，到 2024 年，元宇宙的市場規模有可能達到 8,000 億美元。據方舟投資預測，到 2025 年，虛擬世界所創造的利潤將有望達到 4,000 億美元。

全球各大企業紛紛投資，必然是看到其未來的發展空間。在討論未來的發展之前，我們再來解析一下元宇宙這個概念。

目前關於元宇宙的解釋非常多，風險投資家馬修·柏爾（Matthew Ball）的解釋更容易理解：「元宇宙是一個由持久、即時渲染的 3D 世界和模擬組成的廣闊網路，支援身分、物件、資料和權利的連續性，並且可以實現無限數量的使用者即時連接。在元宇宙世界中，每個使用者都能獲得沉浸式的極致體驗。」

數位世界與物理世界的深度融合

　　根據美國密西根州立大學（Michigan State University）媒體與資訊系副教授拉賓德拉・拉坦（Rabindra Ratan）的觀點，元宇宙有三大關鍵要素，分別是存在感、互通性和標準化，具體如下頁表 1-2 所示。

　　到目前（2022）為止，元宇宙還停留在概念層面，將來會發展成一個怎樣的空間，目前還無法做出全面描述。但普遍認為，元宇宙在未來會成為一個巨大的公共網路空間，在這個空間裡，數位虛擬與物理現實將實現深度融合。一方面，**元宇宙將以「遊戲」的形式存在，遊戲由使用者創建，遊戲使用的裝備、道具就是資產**，元宇宙將作為一個與現實世界相對的平行空間而存在；另一方面，元宇宙將實現虛擬照進現實，在 VR、AR 等技術的支援下，數位化將以更清晰的方式存在。未來，數位虛擬與物理現實相交互動，將不斷豐富元宇宙的內涵，促使兩個空間完美融合。

表 1-2　元宇宙的三大關鍵要素

關鍵要素	具體內容
存在感	存在感是指使用者的體驗，即使用者處在虛擬空間，虛擬與他人在一起的感覺。想要實踐這種感覺，需要借助虛擬實境技術與設備，主要目的是提高線上互動的品質。
互通性	互通性指的是虛擬資產可以在虛擬空間內自由流通，數位商品可以實現跨邊界轉移，這些都依賴加密貨幣和 NFT 等區塊鏈技術的支援。
標準化	實現元宇宙平臺與服務互通性的關鍵。

2.電影《一級玩家》先示範給你看

　　元宇宙是一個虛擬的時間與空間的集合，是透過數位化形態承載的、與人類社會並行的平行宇宙。Roblox 公司（按：開發同名遊戲《機器磚塊》〔Roblox〕）認為元宇宙應該具備八大要素，分別是身分（Identity）、朋友（Friends）、沉浸感（Immersive）、低延遲（Low Friction）、多元化（Variety）、隨地（Anywhere）、經濟（Economy）和文明（Civility），如表 1-3 所示。

表 1-3　Roblox 公司認為元宇宙應具備的八大要素

八大要素	主要展現
身分	使用者在元宇宙中擁有虛擬身分。
朋友	元宇宙具有社交屬性。
沉浸感	元宇宙和其他遊戲一樣可以創造出沉浸感。
低延遲	與現實同步，無非同步性。
多元化	內容豐富，形式多元。
隨地	可透過電腦登錄元宇宙。
經濟	元宇宙具有自己的經濟系統。
文明	元宇宙會創造虛擬文明。

上面提及的八大要素，可以借助電影《一級玩家》更具體的理解。該電影講述了一個在現實世界中無所寄託的大男孩，透過虛擬遊戲獲得另類體驗的故事。

電影所描繪的空間「綠洲」，其形態類似元宇宙。這個基於遊戲而打造的超大型網路社群，擁有與現實相映的人類社會文明，以及與現實相關聯但又相互獨立的經濟系統，參與者可以在其中與其他使用者進行社交活動。

電影劇情與上述八個因素的對應如下：主角韋德・瓦茲（Wade Watts）在現實中生活在貧民窟（隨地），但只要他戴上 VR 設備，就能進入虛擬遊戲宇宙——綠洲（沉浸感），並獲得一個全新的身分——帕西法爾（身分）。與令人失望的現實不同，在綠洲中，他不僅認識了女友雅蒂米思（朋友），還可以自由的去任何想去的地方（多元化），並且憑藉勞動等方式獲取收入（經濟系統）。在綠洲中，人們形成了一套獨特的文化和價值理念（文明）。不過，綠洲並不是完全脫離現實世界，如果帕西法爾受傷了，現實中的韋德也會感到疼痛（低延遲）。

目前，元宇宙大多以遊戲為起點，逐漸融合網際網路、數位化娛樂、社交網路等因素，未來或許還將對商業活動、經濟活動進行整合，這是元宇宙引起廣泛關注的一個重要原因。

從技術層面來看，元宇宙追求沉浸感、參與度和永續性，對傳統網路提出了較高的要求。為了滿足這一點，市場上會出現很多為元宇宙服務的平臺、基礎設施、協議、工具等。隨著 5G 網

路快速發展，VR、AR、雲端運算等技術不斷成熟，元宇宙有可能從概念，轉為實際產品和應用程式。

從本質上看，可以視元宇宙為一個承載虛擬活動的平臺，在這個平臺上，使用者可以參與社交、娛樂、創作、教育、交易等多種類型的活動，結交數位世界的朋友、創作作品、參加社會活動，甚至可以寄託情感，獲得歸屬感。在眾多參與者的努力下，帶給使用者多元化的消費內容；而在各種技術的支援下，可以帶給用戶沉浸式的體驗，擁有穩定可靠的經濟系統。

剝開層層表象可以發現，元宇宙的核心價值，便是能有效保障，同時承載著使用者們的**資產權益和社交身分**。透過複製現實世界的底層邏輯，元宇宙擁有了堅實的基礎，支援所有用戶參與創造，並且為其勞動成果提供強有力的保障。這樣一來，就可以為使用者提供與現實別無二致的勞動、生產、交易等活動體驗。例如，使用者可以在元宇宙建造房屋，按照市場價格參與交易活動等。

基於這些功能，元宇宙絕不能被單純視為遊戲與社交平臺，它可能顛覆人類社會對「自身存在」的主流認知，在不斷進步的資訊科技支援下，推動人類文明向虛擬時空發展。雖然目前相關技術主要應用於遊戲，但隨著人類文明在虛擬世界不斷完善，其開發目標絕不是成為一個大型的遊戲平臺，而是盡其所能的滿足人類各種感受與體驗。

目前，關於元宇宙的最終形態，業內人士還沒有做出詳細描

述，但透過分析元宇宙的特徵，我們可以歸納出元宇宙的四大核心屬性，具體如表 1-4 所示。

表 1-4 元宇宙的四大核心屬性

核心屬性	具體內容
同步和擬真	對於元宇宙來說，同步和擬真的虛擬世界是其形成的基本條件，現實發生的所有事件都將同步到虛擬世界，使用者在元宇宙的活動，也可以獲得近乎真實的回饋。
開源和創造	開源有兩大內容，一是技術開源，二是平臺開源。元宇宙透過「標準」和「協議」封裝代碼，形成不同的模組，支援所有使用者創造活動，從而構建一個原生的虛擬世界，不斷擴展元宇宙的邊界。
永續	元宇宙會以開源的方式持續運行，不會暫停或者結束。
閉環（closed-loop）經濟系統	元宇宙也有統一貨幣，使用者可藉由工作獲得，然後消費，也可以按照一定比例，將其轉換為現實生活中的貨幣。也就是說，經濟系統是元宇宙存在與發展的重要驅動力。

目前，網路的發展正在顛覆人們的生活方式，但又不會讓人完全脫離現實。也就是說，此種新生活模式，不僅可以在網路空間獨立運行，還可以與現實生活緊密相連，在某些方面反映現實。

3.只有內容還不夠，產業鏈更要支援

可以實現 Roblox 公司所呈現的 UGC（User Generated Content，使用者生成內容，指網站或其他開放性媒介的內容由其使用者貢獻生成）式的虛擬世界平臺、《動物森友會》系列所帶來的虛擬社交，以及《要塞英雄》舉辦的線上演唱會等的重要條件，都是技術的更新迭代。相關的核心技術不僅催生出了新內容，還能給人們帶來新體驗。

未來，躺在家裡就能參加演唱會

網路，尤其是行動網路的快速發展，不僅給許多領域帶來了新機遇，也使得大量虛擬內容應運而生，比如引發全世界玩家共同挑戰的《Pokémon GO》等。另外，新冠肺炎疫情在全球的蔓延，也使得大量的線下場景往數位端遷移，比如明星演唱會、畢業典禮等，這些場景均可以借助 UGC、3D 引擎等技術，在虛擬內容端呈現。線下場景的數位化遷移，在一定程度上使得元宇宙在遊戲、社交以及娛樂等領域的潛力逐漸被釋放出來。

元宇宙之所以引人關注，主要在於兩個方面：第一，人們對生產勞動的效率，以及娛樂體驗的要求越來越高；第二，5G、

AI、區塊鏈技術、VR、AR 等技術不斷發展，有了實際應用的可能。2020 年初爆發的新冠肺炎疫情，對此也產生了極大的推動作用。為了回應防疫要求，人們將生活從線下轉移到了線上，對元宇宙的雛形有了更多思考。

分析資訊科技和傳播媒體的發展歷程可以發現，起初，人們只是在不斷改變認識世界的方法；後來，人們開始有意識的改造世界，並試圖重塑。從紙本媒體時代到廣播電視時代，再到網路時代，打造元宇宙的工具和平臺逐漸完善，路徑也逐漸清晰。

如何創造一個虛擬世界

如果元宇宙要仿照現實世界構建，就要具備五大要素：人與人的關係、生產資料（means of production，指一切具有經濟價值的商品和服務的生產過程中，所使用的物質和非金融投入）、交易體系、法律關係和環境及技術生態體系。從本質上看，元宇宙就是要改造這五大要素，形成既連接現實，又獨立於現實，可以回歸到宇宙本質的一個世界。元宇宙的創建主體呈現多元化，涉及不同國家的不同公司和組織，它們秉持開放性原則，共同創建一個可攜帶、可互動的模擬世界。

人類對世界本質的探索是永恆的，在這個過程中，技術發展和需求升級交替進行，而需求端直接影響供給端，只有需求端的需求足夠旺盛、強烈，才能促使供給端形成多元化的解決方案，

創建一個繁榮的生態體系，進而才能推動行業不斷升級，持續顛覆現有的生產方式與生活方式，帶給人們全新的體驗。

元宇宙的生態圖譜

元宇宙作為一個新的領域，其產業方面的創新，展現在各個環節中。產業鏈大致包括以下四個環節：

‧ **底層架構**：區塊鏈、NFT 等。

元宇宙之所以與線上遊戲或網路社群等虛擬世界不同，最重要的一點在於，元宇宙中擁有與現實世界相對應的經濟系統，因此使用者能獲得更加身歷其境的體驗。

而線上遊戲等虛擬形式之所以不能成為真正的平行世界，只能被局限為一種娛樂工具，主要是因為，**使用者在遊戲等虛擬世界中所獲得的虛擬資產難以自由流通，與現實世界並無太多關聯；**另一方面，使用者在虛擬世界中的命運，幾乎完全掌握在運營商手中，一旦運營商選擇關閉，那麼用戶就會人財兩空。

NFT 以及區塊鏈等技術的發展，則能較為妥善的解決上述問題。基於此，便能在元宇宙中構建一個與現實世界相連的經濟系統，使用者**在元宇宙中獲得的虛擬資產，也能在現實流通**，且不受第三方平臺的限制，而這正是在此之前線上遊戲等市場所忽視的環節。

・**後端基礎建設**：5G、圖形處理器（GPU）、雲端、AI 等。

除了 NFT、區塊鏈等構成的底層架構外，元宇宙還需要 AI、5G、GPU、雲端運算等技術支撐。在網路帶動發展的各個產業當中，可以說軟體定義一切，而 AI、5G、GPU、雲端運算等後端技術的基礎建設，不僅是決定元宇宙可行與否的關鍵，更能憑藉對精細度和資料量的把控，助推元宇宙真正實現。

就目前虛擬實境領域的發展路徑來看，基本可以歸結為兩類：單機智慧化與網聯雲控（按：基於新一代通訊和雲端運算技術，實現基礎設施和雲端運算資源的互聯互通和協同運行）。其中，單機智慧化的著眼點是感知互動、近眼顯示等細分領域，而網聯雲控則主要聚焦在與內容儲存和處理等相關的串流媒體服務。不過，隨著 5G 等技術的發展，在元宇宙領域，單機智慧化與網聯雲控將有望融合，並與雲端運算等技術共同促進產業的飛躍式發展。

・**前端設備**：AR、VR、可穿戴設備等。

使用者要與元宇宙連接，並獲得沉浸式體驗，需要借助 VR、AR、可穿戴設備等。隨著越來越多的網路公司巨頭以及科技新秀等加入，相關領域已駛入了產業發展的高速公路，培育出了越來越多的用戶。

使用者的使用習慣及產業連接等方面的需求，將使上述前端設備的發展遵循三個趨勢，即硬體趨於無線化、軟體趨於雲端化、設備的互操作性趨於全場景應用。同時，伴隨行動通訊技術的發

展和升級,虛擬實境產品的種類和形態也將越來越豐富,並帶動相關消費市場的發展,催生出更加成熟的商業模式。

· **場景內容**:遊戲、智慧醫療、工業設計、智慧教育等。

元宇宙作為一個經典概念的重生,必然能在不同的場景中發揮出巨大潛力。具體來看,其場景的開拓將會經歷三個階段,如表 1-5 所示。

雖然元宇宙與線上遊戲場景有天然的契合度,但元宇宙的應用卻不會局限於線上遊戲場景。未來,隨著相關技術的進步,會有更多垂直場景成為元宇宙的應用空間。目前已經展現出此方面潛力的,有工業設計等工業領域的細分場景,還有遠端手術、術前演練,以及理論教學等醫療健康領域的細分場景等。

表 1-5 元宇宙場景開拓的三個階段

場景	具體內容
基礎應用階段	在遊戲、社交、娛樂等領域探索,應用的場景比較有限,內容不夠豐富,且操作方式單一。
延伸應用階段	逐步向醫療、建築、培訓、教育等更多領域探索,應用內容和對話模式趨於多元化。
應用生態階段	基於前期的探索,元宇宙全景社交逐漸成為虛擬實境終極應用形態之一。

4. 2050 年，虛就是實，《一級玩家》變真實

元宇宙這個概念之所以如此熱門，很大一部分原因是它為 5G、VR、AR 等前沿技術，提供了一個發揮空間，為技術改變世界提供了無限可能。雖然憑目前的技術水準，很難打造一個功能完善、體驗感極佳的元宇宙，但可以分階段推進。在這個過程中，技術水準不同，投資報酬率與投資報酬週期，也會呈現出顯著差異。具體來看，元宇宙的演進過程可以劃分為以下三個階段：

第一階段（2021 ～ 2030 年）：虛實結合

在這個階段，現實世界的生產過程和需求結構還沒有太大的改變，線上、線下融合的商業模式將持續演化。以購買服裝為例，在電商購物模式下，使用者透過瀏覽圖文資訊、使用者評價獲取平面資訊，但在短影片和直播電商出現之後，主播可以穿上衣服向用戶進行立體化展示，大幅提高使用者接收資訊的準確度。

未來，隨著 VR、AR 技術在網路購物領域的廣泛應用，使用者在購物過程中，可以直觀的看到衣服在自己身上呈現出的效果，從而做出更合理的購物決策。這種沉浸式購物體驗，看似是一種豐富感官體驗的形式，實際上，它承載著和區塊鏈相似的功能，

也就是幫助使用者獲得更多真實、有用的資訊，完成虛擬體驗與現實世界的相互操作。

在這個階段，元宇宙主要聚焦在社交、遊戲等領域，其中具有沉浸感的體驗是一個重要形態，可以大幅改善用戶體驗感。軟體工具以 UGC 平臺生態，和支援構建虛擬關係網的社交平臺為依託，硬體系統則依靠已經普及應用的行動裝置進行開發。同時，隨著 VR、AR 等技術的快速發展，有望帶給使用者全新的娛樂體驗。

第二階段（2030 ～ 2050 年）：虛實相生

在數位化技術的作用下，虛擬世界將變得更加真實，物理世界的生產過程也將被顛覆。這一階段，在 VR ／ AR 等顯示技術和雲端技術的作用下，元宇宙的應用將進一步豐富，例如全真網路（按：線上線下的一體化，實體和電子方式的融合）指導下的智慧城市、更加成熟的數位資產金融生態、逐步形成閉環的虛擬消費體系等，這些都將滿足人們提高生產與生活效率的願望。

在這一階段，人們在虛擬網路上活動的時間有可能達到 60％，原因有兩點。第一，人工智慧、大數據、工業智慧化等技術有效提升了生產效率，導致現實世界的勞動力需求大幅減少；第二，虛擬世界的內容不斷豐富，不僅可以滿足人們的娛樂、消費需求，還可以滿足人們的工作、生活等需求。在這種情況下，人們花在虛擬網路的時間將變得越來越多。另外，在這一階段，人

工智慧、人型機器人、基礎引擎等業務也將完成商用變現。

第三階段（2050 年以後）：虛即是實

經過前兩個階段的積累，這一階段元宇宙的使用者數目以及使用時長，都會呈跨越式增長，真正實現虛擬空間與現實世界密不可分。具體情形可以參照《一級玩家》所呈現的場景。

預計這一階段到來的時間為 2050 年之後，雖然由於技術的進步以及用戶需求的增加，元宇宙的發展速度勢必會越來越快，但其發展趨勢仍然有著很大的不確定性。元宇宙的終極形態可能是開放性與封閉性的完美融合，不會出現一家獨大的現象，但也會出現超級玩家。超級玩家會在封閉性與開放性之間找到一個平衡，這種平衡可能是主動的，也可能是被動（例如在國際組織的強烈要求下，不得不尋求平衡）。因此，未來的元宇宙不僅可以實現開放體系與封閉體系共存，還有可能形成一個局部連通、大宇宙小宇宙相互嵌套、小宇宙有機會膨脹、大宇宙可能相互碰撞的，與真實宇宙相似的宇宙。

最終，不同風格、不同領域的元宇宙可能相互疊加，形成一個規模更大、覆蓋範圍更廣的元宇宙，使用者的身分、資料可以跨宇宙同步，人們的生產方式、生活方式、組織治理方式都將被顛覆。

第 2 章

真宇宙與元宇宙之間，
如何穿透？

1. 演唱會、畢業典禮的形式，正在改變

人類需求可以簡單劃分為物質需求和精神需求。在人類需求研究方面，最著名的就是馬斯洛需求層次理論（Maslow's hierarchy of needs）。馬斯洛將人類需求劃分為五個層次，分別是生理需求、安全需求、愛與歸屬（社交）需求、尊重需求和自我實現需求，其中生理需求和安全需求可以歸入物質需求，社交需求、尊重需求和自我實現需求可以歸為精神需求。

只有在滿足物質需求後，人類才會追求精神需求。元宇宙的發展也遵循這一規律。例如，去中心化的經濟系統可以解決財產安全問題，立體化的社交網路可以滿足社交需求，沉浸式體驗、開放的創造系統、多樣的文明形態可以滿足尊重需求和自我實現需求。

元宇宙能提供極盡真實的沉浸式體驗，帶給用戶身臨其境的感受。用戶可以享受沉浸式的購物、教育、旅行和學習過程，並借助遊戲等趣味化的方式，增強身臨其境的感覺。

這種沉浸式體驗，必須借助沉浸式設備和遊戲技術才得以實現。從 2020 年開始，人們就開始嘗試利用遊戲技術，搭建沉浸式場景。例如，2020 年 4 月，饒舌歌手崔維斯・史考特（Travis Scott）與《要塞英雄》聯合舉辦了一場大型虛擬演唱會，引起了

巨大轟動。雖然這場演唱會只有 10 分鐘，卻利用動畫的形式，呈現了一場無與倫比的視聽盛宴。在這場音樂會中，崔維斯·史考特的身形被放大到摩天大樓的尺寸，他一邊表演，一邊在小島上穿梭，最終從半機械人變成了螢光太空人。根據統計，共有一千兩百多萬名玩家同時參與，呈現出的效果非常震撼。

2020 年 5 月，加州大學柏克萊分校在遊戲《當個創世神》（*Minecraft*）中，建造了一個模擬的 3D 柏克萊校園，邀請畢業生在這個虛擬校園裡，參加一場虛擬的畢業典禮。在典禮上，由校長致辭，並舉行學位授予儀式。遺憾的是，典禮參與者只能透過智慧型手機、電腦等設備進入虛擬校園，無法有身臨其境的感覺。要讓參與者身臨其境，不僅需要利用遊戲技術搭建虛擬場景，還需要沉浸式設備。

沉浸式互動設備：打造極致的場景體驗

借助沉浸式互動設備，使用者可以在元宇宙擁有真實、持久、順暢的交流互動體驗，同時還能保持對現實世界的感知。因此，對於元宇宙來說，基於 VR、AR 及人機介面技術（按：在人或動物腦與外部裝置間，建立的直接連接通路）的沉浸式設備，是打造沉浸感必不可少的工具。要將虛擬與現實世界融合，甚至打造出比現實世界更逼真的場景，必須依賴 Avatar、動態捕捉、手勢識別、空間感知、數位分身等技術，具體如右頁表 2-1 所示。

表 2-1 元宇宙的沉浸式場景技術

沉浸式技術	企業布局
Avatar	虛幻引擎（Unreal）、三星、科大訊飛等企業都在積極研發 Avatar 技術，其中虛幻引擎研發的 MetaHuman Creator 能高度還原人類皮膚、毛髮，刻畫人類各種細微的表情。
動態捕捉	可以捕捉人類動作的各種細節，並模擬人的動作。過去，動態捕捉需要使用很多設備，首先要在身體各個部位佩戴連接儀器，然後利用複雜的高端攝影設備，捕捉人體的動作。現在，只要一部手機就能辦到，非常簡單、方便。
手勢識別	臉書推出的無線 VR 頭盔 Oculus Quest，已能成功運用手勢識別技術，《戰慄時空：艾莉克絲》等遊戲也開始利用手勢識別進行內容創作，讓使用者享受到更真實的虛擬體驗。
空間感知	除了人體自身的互動外，人還需要與周圍的環境互動，藉此提升虛擬空間的真實感。在空間感知方面，同步定位與建圖（SLAM）、雷射雷達（LiDAR）等空間定位識別技術，已經廣泛應用在 AR 硬體及內容開發領域。
數位分身	OPPO CyberReal 利用同步定位與建圖、AI 等演算法技術，開發出高精準度即時定位功能和全景識別功能，即便用戶進入一個陌生的環境，也可以精準識別用戶位置。未來，CyberReal 將構建一個數位分身世界，在這個過程中，數位分身技術將能發揮關鍵作用。

跨平臺遊戲：推動元宇宙理念落地

　　跨平臺遊戲概念的捲土重來，不僅為競爭白熱化的線上遊戲提供了新的發展空間，也推動了元宇宙理念落地。元宇宙之所以

能從概念逐步實踐，一方面是由於行動通訊技術、AI、VR、AR等技術的推動，另一方面則是因為各細分領域提供了豐富的應用場景。

對遊戲產業來說，搭建元宇宙是必然的發展趨勢。只有打破平臺的邊界，才能捕獲更多用戶，帶來更具沉浸式的體驗。構建社群化連結，也是遊戲產業從被動轉型到主動、滿足用戶需求的有效之舉。

以《機器磚塊》為例，在其中，玩家可以自由創作遊戲，並透過販售遊戲賺取遊戲幣。其遊戲平臺可以為用戶提供遊戲創作、線上遊戲與社交等服務。平臺為使用者提供遊戲引擎，支援用戶開發遊戲，並從開發者出售遊戲的收入中獲取分潤，玩家則可以在多個平臺參與各種遊戲，還可以與好友聊天、遊玩、聚會等。

《機器磚塊》平臺有三大核心要素：一是穩定的經濟系統，為開發者出售遊戲提供便利；二是深度創作的技術工具，為開發者創作遊戲提供支援；三是雲端遊戲，支援用戶發展各種社交活動。借助使用者創作遊戲的模式，平臺目前可以讓用戶體驗的遊戲達到 1,800 萬種。這種以使用者創作為主導、可以帶來沉浸式體驗、支援使用者參與社交活動的模式，就是元宇宙的雛形。

2.創造自己的世界，你需要這些工具

　　元宇宙是用戶創造並驅動的世界，這裡的創造有兩層涵義：一是用戶借助各種平臺創造屬於自己的世界，獲得成就感、歸屬感；二是開發者利用創造工具打造平臺，獲取經濟收益。目前，在一些企業的努力下，已經誕生了一些元宇宙創造工具，例如 Roblox、Unity、Omniverse 等。

全方位的遊戲引擎：Roblox

　　Roblox 是一款多程式設計語言開發工具，支援開發者在《機器磚塊》的世界裡打造各種不同的遊戲，還可以直接將開發的遊戲上傳到官網。從本質上來看，《機器磚塊》就是一個開放的遊戲引擎，功能非常強大，包括開發者中心、新手教學、社群論壇、教育者中心和資料分析工具等，為遊戲開發提供全方位支援，而且學習成本極低，使用完全免費。除了遊戲開發外，Roblox 還為開發者提供發行管道。

VR、AR 的世界級搖籃：Unity

　　Unity 是一款由聯合技術（Unity Technologies）研發的跨平臺 2D ／ 3D 遊戲引擎，一直以來為 VR、AR 開發者提供技術支援。據了解，在 2019 年誕生的所有 VR 與 AR 內容中，分別有 60％的 VR 內容和 90％的 AR 內容，是開發者利用 Unity 開發的。

　　Unity 自誕生以來，就在世界各國流行，創作者隊伍不斷壯大，目前已經覆蓋了一百九十多個國家、一百五十多萬人，每月活躍用戶達到 20 億。在全球市場上，2019 年收入排名前 100 的遊戲公司中，就有 93 家使用 Unity；排名前 1,000 的手機遊戲中，53％是利用 Unity 開發而來。在中國市場，有 76％的手機遊戲是利用 Unity 開發。未來，Unity 的應用範圍、用戶規模仍將持續增長。

真實世界的虛擬分身：Omniverse

　　Omniverse 是輝達旗下的電腦圖形與模擬平臺，可以透過模擬真實世界，創建虛擬的數位分身世界，將很多現實中不便測試與實驗的事情，放到這個虛擬世界中，以幫助企業降低生產成本、提高開發效率。

3.社交網路 3.0，
從即時通、臉書到虛擬世界

隨著臉書、字節跳動等網路巨頭進入元宇宙，元宇宙將被打造成未來的社交網路 3.0。隨著網際網路技術的發展，微信、臉書等社交平臺進入人們的日常生活，社交網路已經成為人們溝通交流的重要工具，也成為網路世界最重要的流量泉源。

經過多年發展，現今的社群網路已經發展到 2.0 時代。在人類社會向元宇宙發展的過程中，社群網路時代也將從 2.0 邁向 3.0。為了搶占先機，社群網路巨頭紛紛開始在元宇宙布局。

那麼，究竟什麼是社群網路 3.0 呢？簡單來說，社交網路 3.0 就是一種立體化的社群網路體系。下面將具體分析社群網路的三個發展階段。

社群網路 1.0 時代

在社群網路 1.0 時代，網路社交主要是和陌生人社交，而且有鮮明的娛樂性，彼此之間基本不存在真實的社會關係，典型應用就是 ICQ（按：最早出現的即時通訊軟體之一）等社交軟體。這些社交軟體不能儲存使用者資料，使用者每次使用都可以更換一個身分。隨著社群網路不斷發展，後期也逐步發展出上傳照片、

更新動態等功能，為使用者展示真實身分奠定基礎。

社群網路 2.0 時代

社群網路進入 2.0 時代的重要標誌，就是臉書、校內網（按：中國最早的校園社交關係網路平臺之一，類似臉書的中文社群網站）的出現，典型特徵就是使用者以真實身分在網路上社交。在這些軟體的支援下，真實的社交關係開始出現在社群網路上，陌生人社交逐漸轉變為熟人社交，人們在網路上的身分，也開始從虛擬變得真實。

社群網路 3.0 時代

從 2.0 時代邁向 3.0 時代的過程，元宇宙將發揮至關重要的作用。社群網路 3.0 時代的典型特徵，就是社群網路更加立體，使用者的沉浸感更強，每個使用者都有一個實體形象，可以體驗到比現實更豐富的娛樂、休閒、辦公、遊戲等場景，相當於一個參照現實建立的大型 3D 線上世界。

相較於 1.0 時代和 2.0 時代，社群網路 3.0 時代覆蓋範圍之廣、融合程度之深，可能超出所有人的想像，除了最基本的人這一要素外，還涵蓋了遊戲、影音、音樂、虛擬消費品、虛擬房地產、虛擬經濟體系、辦公與會議體系等在內的諸多內容。

4.虛擬貨幣，
怎麼拿來現實世界用？

　　元宇宙擁有獨立的經濟體系和原生貨幣，這個經濟體系，以法定貨幣為基礎，擁有由平臺中心化控制的內部流通貨幣。在這個經濟體系中，使用者的經濟活動，可以在實體空間與虛擬空間無縫切換，包括賺錢、消費、借入、借出、投資等，用戶的生產活動、工作所得將兌換為統一貨幣，用戶可以使用這個貨幣在平臺內消費，或者將其按照一定比例兌換為現實世界的貨幣。

　　對於元宇宙來說，經濟系統是其發展的重要驅動力。另外，需要注意的是，這並不會導致虛擬經濟取代實體經濟，反而會為實體經濟注入新的活力。

　　區塊鏈是連接虛擬世界與現實世界的重要樞紐，NFT 則是元宇宙經濟系統運行的重要載體。虛擬世界是現實世界的映射，而元宇宙的發展、運行也要遵循一定的規則。因為元宇宙是自治的，不受任何個體或者公司操控，NFT 就為盜版問題提供了有效的解決方案。以去中心化網路為基礎創建的虛擬貨幣，憑藉穩定、高效、規則透明等特點，也解決了元宇宙中價值歸屬、流通、變現、虛擬身分認證等問題。

　　目前，絕大多數玩家、使用者只是在虛擬的網路世界進行娛樂活動，不會在裡面真正的生活，度過自己的人生，原因在於：

首先，用戶在虛擬世界獲取的資產，無法在現實世界流通，不能用來購買現實中的物品與服務；其次，用戶在虛擬世界獲取的資產本質上不屬於自己，而是掌握在運營商手中。只要運營商關閉系統，資產就會隨之消失。而區塊鏈能有效解決這兩個問題，為元宇宙的進化、發展奠定良好的基礎。

首先，區塊鏈正在不斷完善經濟體系，讓資產可以同時流通於虛擬世界與現實世界。其次，區塊鏈實現了去中心化，不受某個個體或者公司的控制，保證了資產安全。

NFT 憑藉獨一無二、不可複製、不可分割的特性，可以用於記錄數位資產，並展開交易活動。在區塊鏈上，數位加密貨幣可以分為兩大類：一類是原生幣，典型代表如比特幣、以太幣等，擁有自己的主鏈，透過鏈上交易維護帳本資料的安全；另一類是依附於區塊鏈的代幣，使用智慧型合約記錄帳本資料、保障資料安全，典型代表如依附於以太坊發布的 Token。

代幣又可以細分為兩類：一類是同質化代幣，即 FT（Fungible Token），彼此之間可以相互替代，可接近無限拆分 Token。例如比特幣，無論掌握在誰手中，本質上都沒有任何區別，這就是同質化；另一類是非同質化代幣，即 NFT，是唯一、不可拆分的 Token，例如《謎戀貓》（*CryptoKitties*）、Token 化的數位門票等。NFT 就像帶有編號的貨幣，不存在兩張編號相同的貨幣，也不存在兩個完全一樣的 NFT。

這樣一來，NFT 就提供了一種標記原生數位資產所有權的方

法，這是其相較於 FT 的獨特之處。憑藉獨一無二、不可複製、不可分割的特性，NFT 擁有了收藏屬性，可以用來記錄和交易數位資產，例如遊戲道具、藝術品等。在 NFT 的支援下，元宇宙中的玩家可以生產虛擬產品並交易，如同在現實生活中一般。

　　NFT 可以將使用者在元宇宙中的權利實體化，程式可以透過識別 NFT 來確認用戶的許可權。未來，NFT 將成為虛擬世界實際權利的憑證，促使虛擬世界的權利實現去中心化轉移。在 NFT 的支援下，虛擬產權交易無須在第三方機構登記，為產權轉移與行權（按：投資者在約定的日期內，以約定的價格購買證券的行為）提供了極大的方便。另外，因為資產流轉不需要第三方參與，所以有效提高了資料、資產交易流轉的效率。

5. 真的我、假的我，哪個我說了算？

　　所有新的內容場景，實質上都是元宇宙在發展過程中的探索，而其最高形態則是形成多元化的元宇宙文明生態。

　　廣義上的文明，是指人類社會在漫長的發展過程中所累積下來，能被大多數人認可和接受的人文精神與發明創造的綜合體，也是人類社會進化到較高階段後所呈現出來的狀態。文明生態則囊括不同的自然行為和社會行為，比如語言、文字、工具、宗教、家庭以及國家等。

　　同樣，元宇宙作為一個與現實世界相映射的虛擬空間，我們也可以設想其發展趨勢：未來，元宇宙的用戶如同生活在其中的居民，可以根據需求設立相關規則，創造出豐富的數位資產，也可以建立不同的組織結構，最終演化為一種文明生態，就如同華夏文明、阿拉伯文明一般。

　　不同的元宇宙，有可能映射不同物理世界的文明形態，使用戶能體驗不同的人生。文明是人類社會行為和自然行為的總和，不同元宇宙有可能形成不同的文明形態，例如《機器磚塊》形成了自己的文明體系，用戶可以在裡面生活，多名用戶可以形成一個社區，多個社區可以組成一個城市，大家遵守各種規則共同生活，最終演化成一個文明社會。

　　元宇宙中存在不同的文明形態，展現了現實世界文明的複雜性。也就是說，在現實世界，每個人都具有多面性，在不同的場景中可能會有不一樣的行為。在元宇宙中，人們以虛擬形象生活、工作、學習、娛樂，可能會展現出完全不同的自己。

　　隨著概念逐步落地，人類也能獲得自我認知的新視角。屆時，將可利用 5G、AI、區塊鏈等技術，基於人類的想像力，構建一個全新的數位化空間。關於元宇宙，我們可以設想以下幾個面向：

- **個體的真實身分與虛擬身分有何關聯，是否能自由轉換？**
- **元宇宙中的經濟系統，如何與現實中的經濟系統並行存在？**
- **個體存在的形態是人還是其他，存在的意義又是什麼？**
- **元宇宙世界的規則、道德等是否與現實世界完全分開？**

　　此類問題所探討的，已經不僅僅局限於相關技術，更涉及商業模式以及文明生態。

　　經過農業文明、工業文明後，我們已經逐漸步入一個數位文明時代，而數位文明能給人類帶來的，不僅有新的技術、理念或商業模式，還包括經濟轉型和社會變革。以元宇宙為例，假設其應用於醫療領域，能有效解決醫療資源不均的問題；而應用於工業領域，則能大幅降低工安事故的發生率。雖然目前元宇宙尚未實現，但可能帶來的多種問題及其將建立的文明生態，都使所有入局者不得不慎重思考。

第 3 章

通向元宇宙的
技術路徑

1.網路環境，是通訊基礎

元宇宙的技術架構包括五大層面，分別是網路環境、虛擬介面、數據處理、認證機制與內容生產，如表 3-1 所示。

表 3-1　元宇宙的技術架構

技術架構	具體內容
網路環境	延展實境（Extended reality，簡稱 XR）設備的解析度可以達到 4K 或以上，更新率可以達到 120 赫茲或以上，並且網路延遲極短，可以滿足人們對沉浸感的要求，這些需要依賴高頻寬、低延遲、低耗能的 5G 或者 6G 通訊技術實現。
虛擬介面	元宇宙須依賴 VR、AR、MR 等技術，增強沉浸感與拓展性。
資料處理	人工智慧可以滿足元宇宙內的海量內容生產、內容呈現與審查需求，雲端運算可以滿足圖形即時渲染需求。
認證機制	憑藉區塊鏈去中心化網路，元宇宙可以解決價值歸屬與流通變現等問題。
內容生產	憑藉數位分身體系，元宇宙可以獲得豐富的擬真環境。

VR、AR 技術的快速發展，一方面助推行業巨頭，引領整個行業向前發展；另一方面，也給現有的網路基礎設施帶來了新的挑戰。根據 VR、AR 對網路頻寬的要求，可以將網路基礎設

施分為四種類型，分別是初級沉浸（Entry-level Immersion，簡稱 EI）、部分沉浸（Partial Immersion，簡稱 PI）、深度沉浸（Deep Immersion，簡稱 DI），與完全沉浸（Fully Immersion，簡稱 FI），如表 3-2 所示。

表 3-2 VR ／ AR 對頻寬、延遲需求與 4G ／ 5G 的對比

	影像解析度門檻	典型頻寬需求	成像延遲
初級沉浸	全視角 4K、2D 影像	20 ～ 50Mbps[註1]	<40ms
部分沉浸	全視角 8K、2D 影像	50 ～ 200Mbps	<30ms
4G		100Mbps	10ms
深度沉浸	全視角 12K、2D 影像	200Mbps ～ 1Gbps	< 20ms
完全沉浸	全視角 24K、2D 影像	2 ～ 5Gbps	<10ms
5G		1 ～ 20Gbps	≦ 1ms

註 1：每秒鐘可以傳輸多少位元。

在 4G 網路環境下，可以實現初級沉浸與部分沉浸；在 5G 網路環境下，可以實現深度沉浸與完全沉浸。目前，中國運營商已開始加速推進 10G-PON（按：2010 年用於數據鏈路的計算機網路標準）的滲透，將室內寬頻傳輸速率提升至 1Gbps，為 VR、AR 在室內應用時創造良好的網路環境。隨著千兆光網（按：基於光

纖連接的網路技術）等網路基礎設施的覆蓋範圍不斷拓展，持續
提升用戶體驗，VR、AR、超高清影像等應用，將融入生活的各
個場景，逐漸形成最具代表性的千兆應用模式。

　　VR 雲端化（Cloud VR）指的是將雲端運算、雲端渲染（Chaos
Cloud）等技術融入 VR 業務，利用高速率、低延遲、高穩定性的
5G 網路，或者全光網的千兆級家庭寬頻，將關鍵資料上傳至雲端，
利用功能強大的硬體處理，輸出影音訊號，經編碼壓縮後傳輸至
設備端，透過 VR 頭戴顯示裝置呈現出來。

　　VR 雲端化具有三大優點。第一，數據處理以及渲染全部在
雲端完成，使用者無須擁有高階設備，降低了使用成本；第二，
VR 雲端化消除了設備與終端之間的連接線，雲端渲染降低了對設
備性能的要求，使得 VR 頭戴顯示裝置可以輕量化，進而提升用
戶體驗；第三，VR 雲端化可以整合各種生態要素，以保護 VR 內
容版權。

　　基於這三大優點，VR 雲端化吸引了很多企業關注。目前，
通訊集團中國移動、騰訊、中華電信以及華為、視博雲等企業，
正在開發 VR 雲端化相關產品。

2. VR、AR、MR有什麼不一樣？

XR 有三大核心技術，分別是和 VR、AR 和 MR。其中，VR 和 AR 被視為元宇宙連接人們生活的載體。

VR，把假的變成真的

VR 指的是利用電腦等新一代資訊技術，對現實世界進行虛擬再造，支援用戶與現實世界即時互動，可以帶給用戶封閉式、沉浸式體驗。VR 技術需要輔之以頭戴顯示器、定位追蹤設備、動態捕捉設備、互動設備等才能夠發揮作用。其中，VR 頭戴顯示器透過封閉視覺與聽覺，阻隔人對外界的感知，讓人在虛擬環境中更加身臨其境。使用者透過顯示器，左右眼看到不同圖像，這些圖像資訊經過神經傳至大腦，從而產生立體感。目前，VR 頭戴顯示器有三種類型，分別是外接式、一體式、眼鏡式。

定位追蹤設備與現實生活中的某個物體綁定之後，就可以追蹤物體位置。例如，在球棒、球拍、球杆、座椅等綁定 HTC VIVE 移動定位器，就可以將其帶入 VR 環境。

動態捕捉設備利用感應器，捕捉人手指關節的各種動作，從而在虛擬現實世界中開展精準互動。岱仕科技（Dexta Robotics）研發了一款動態捕捉器——Dexmo，不僅可以做出抓握，還可以

利用觸感回饋系統，讓使用者感受到抓握物體的屬性，例如軟硬度、大小、形狀等。

目前，市面上大多數虛擬實境顯示器，仍專注於視覺與聽覺的虛擬體驗，只有一小部分產品可以實現虛擬與現實的互動。例如跑步機 Virtuix Omni 可以將使用者的運動資訊，同步回饋到實際遊戲中，實現虛擬與現實互動；特斯拉動作捕捉服 Teslasuit，則可以讓用戶在遊戲中體會到微風拂面、中彈的衝擊感。

迄今為止，VR 的應用仍集中在遊戲與影片等泛娛樂化場景中。受新冠肺炎疫情影響，2020 年以來，Steam 平臺 VR 活躍用戶比例持續攀升。同時，《惡靈古堡》（*Resident Evil*）、《星際大戰》（*Star Wars*）、《陰屍路》（*The Walking Dead*）等遊戲也發布了 VR 版本，大型體育賽事也開始嘗試透過 NextVR 平臺推出 VR 直播，一些影音網站也開闢了 VR 欄目，例如愛奇藝。

以遊戲為原點，VR 的應用場景不斷拓展，逐漸涵蓋至社交場景。例如，2020 年，臉書打造的 VR 社交平臺 Horizon 完成了內部測試。除了社交場景外，VR 也開始向教育和培訓領域發展。例如，東方時尚駕校採購了一批 VR 駕駛員培訓模擬設備，用來輔助教學。在商用辦公領域，臉書推出虛擬辦公室 Infinite Office，將鍵盤接入 VR 世界，支援使用者在鍵盤上打字辦公，賦予 VR 設備一定的生產力。除此之外，還有企業推出了 VR 看房、VR 看車、VR 電商、VR 廣告、VR 訓練等業務與活動，拓展 VR 領域的應用規模。

AR，把真的帶進假的

　　AR 是一種融合了真實場景與虛擬場景的技術，可以增強現實體驗感，讓用戶即便處在虛擬世界，也會產生真實感。MR 與此類似，不同之處在於，MR 更強調虛擬與現實之間的切換。近幾年，AR、MR 與 VR 一樣，都吸引了很多公司關注，並出現了一些代表性產品，例如微軟開發的 HoloLens 2，混合現實智慧型眼鏡、頭戴顯示器製造公司 Meta 的 Meta 2 AR 眼鏡，這兩款產品可以幫使用者「看到」虛擬資訊與真實世界融合之後的場景。

　　相較於 VR，AR 和 MR 的應用範圍更廣。比如，工人可以利用 AR 或 MR 軟體掃描產品，判斷產品的規格、尺寸是否與模型相符；軍事部隊可以利用 AR 或 MR 軟體標示出特定目標，例如敵軍、敵軍車輛、平民等，盡量減少傷亡；外科醫生可以利用 AR 或 MR 在手術中識別器官與組織，提高手術成功率。另外，在 AR 技術的支援下，人們可以在家中試穿衣服，嘗試不同妝髮；在實體店購物的過程中，人們看到喜歡的商品，可以立即獲得相關資訊，並決定是否購買，可以大幅提升生活的便捷性。

3.有了 AI 計算能力，內容才可以被看見

在元宇宙中，計算能力是一項基礎設施，為圖像內容、區塊鏈網路、人工智慧技術的應用提供強而有力的支援。

一幀幀計算出更逼真的畫面

只有在計算能力的支援下，元宇宙內的圖像內容才能顯示出來。圖像顯示，需要透過電腦繪圖來實現，而電腦繪圖要將模型中的資料，渲染到畫面的每一個像素，計算量非常龐大。目前，使用者看到的 3D 畫面，大多由多邊形組合而成，畫面中，人物所做的每一個動作，都是根據光線的變化，結合電腦的計算結果即時渲染出來的。整個渲染過程要經過五個階段，分別是頂點處理、圖元處理、光柵化、片段處理以及像素操作。

元宇宙內虛擬內容的創作與體驗、更真實的建模與互動，都離不開計算能力的支持。而計算能力的發展，在很大程度上受益於遊戲。遊戲用戶不僅追求高畫質，而且對設備的計算能力有較高的要求，這就促使遊戲與顯示卡的發展呈現出「飛輪效應」（按：為了使靜止的飛輪動起來，一開始必須花很大的力氣，一圈圈反覆的推，而達到某一臨界點後，飛輪的重力和衝力會成為推動力

的一部分。這時，你無須再費更大的力氣，飛輪依舊會快速轉動），為虛擬內容的創作，打造了良好的軟硬體基礎。

人工智慧的加入，大大降低創作門檻

在計算能力的支援下，AI 技術能夠為內容創作提供有力的支援。元宇宙的構建需要創作大量類型豐富、品質較高的內容，而專業創作的成本超出了許多公司可承受的範圍，一個3A大作（按：指高成本、高品質、規模龐大的遊戲）可能需要一個幾百人的團隊耕耘數年，UGC 平臺的內容創作成本雖然低，但品質得不到有效保證。在這種情況下，人工智慧輔助內容創作成為大勢所趨，這將改變內容創作者的結構，真正實現內容創作民主化。

人工智慧輔助創作工具，可以將高級指令轉換為生產結果，自動完成編碼、繪圖、動畫等工作，讓每個人都有可能成為內容創作者。另外，元宇宙內部還會有 NPC（Non-Player Character，非玩家角色）參與社交活動，這些 NPC 擁有溝通能力和決策能力，他們的社交活動會進一步豐富元宇宙中的內容。

目前，區塊鏈有一種廣泛應用的共識機制——工作量證明機制 PoW（Proof of Work），此機制須借助計算能力來實現，透過計算能力付出的競爭決定勝負，從而減少浪費。為維護網路的可信度與安全性，需要在 PoW 機制的約束下，監管與懲戒作惡節點（按：指連接上電腦的設備，如電腦或交換器等），防範惡意攻擊。

4.誰來保障你的數位資產及交易

區塊鏈構成了元宇宙數據和資訊底層的基礎。

區塊鏈是一種全新的分散式基礎架構與計算範式，利用塊鏈式數據結構去驗證數據、分散式節點共識演算法（按：允許使用者或機器，在分散式環境中進行協調的機制）更新數據資料、密碼學保障數據安全、智慧型合約編輯與控制數據。嚴格來講，區塊鏈不是一種新技術，而是多項現有技術的集合，具體包括以下幾種：

· **共識機制**：區塊鏈常用的共識機制包括 PoW、PoS（Proof of Stake，權益證明機制）、DPoS（Delegated Proof of Stake，權益委託證明機制）、PBFT（Practical Byzantine Fault Tolerance，實用拜占庭容錯機制）、Paxos（按：美國電腦科學家萊斯利·蘭波特〔Leslie Lamport〕在 1990 年提出的，基於訊息傳遞且具有高度容錯特性的共識算法）、DPoP（Delegeted Proof of Participation，委託參與度權益證明機制）等。因為區塊鏈系統是一個分散式系統，沒有中心，因此需要預先設定一個規則，讓各個節點在數據處理面達成一致協定，嚴格按照協定進行數據互動。

・**密碼學技術**：密碼學技術是區塊鏈的一項核心技術。目前，區塊鏈應用的密碼學演算法，主要包括雜湊演算法、對稱加密、非對稱加密和數位簽章等。

・**分散式儲存系統**：區塊鏈作為一種分散式帳本，每個節點都可以獨立且完整的儲存區塊資料資訊。相較於傳統的中心化儲存，分散式儲存有兩大優勢。第一，每個節點都備份了數據資料，避免因為單點故障導致數據丟失；第二，每個節點上的數據都獨立儲存，可以有效防止數據被惡意篡改。

・**智慧型合約**：借助智慧型合約，使用者可以在沒有第三方平臺的情況下交易，只要一方完成了約定的目標，交易就會自動執行，整個交易過程可以追蹤，而且不可逆轉。

NFT 構成了元宇宙存儲數據的基礎。如前所述，區塊鏈上有兩種數位貨幣，一種是原生幣，另一種是代幣。代幣可以分為兩類，一類是同質化幣，另一類是非同質化幣。非同質化幣不可互換，每一個都獨一無二。2021 年 3 月 11 日，世界著名藝術品拍賣行佳士得（Christie's），以 NFT 形式拍賣了一幅作品《每一天：前 5,000 天》（*Everydays: The First 5000 Days*），起拍價 100 美元，成交價 6,935 萬美元，超出了很多人的意料。

為了規範同質代幣的創建和交易，ERC-20（按：是以太坊區

塊鏈上的一種智慧型合約協議標準）問世。這個標準規定了代幣總量、名稱、轉帳功能等事項，代幣之間可以相互替換。在遊戲中，玩家可以用同質代幣，代替貨幣金幣進行轉帳，金幣的價值相同而且可以分割，但遊戲道具與造型的屬性不同，售價也將會有出入。

　　為了規範非同質代幣的創建和交易，則有 ERC-721 標準。這個標準反映的是不可替代代幣所有權的標準，表示每個代幣都具有唯一性。非同質代幣與同質代幣的不同之處在於，非同質代幣的最小單位是一，沒有小數點，不可分割。

　　ERC-721 標準定義了智慧型合約必須實現的最小介面，支援管理與交易唯一令牌，每個代幣都擁有唯一的標識，相互之間不可替代，這種特性使得數位資源有了稀缺性。ERC-721 標準沒有規定令牌元資料（Metadata）必須有標準，也沒有對補充功能的添加提出限制性條件。

　　全球最早的 NFT 誕生於 2017 年，是一款名為《謎戀貓》的遊戲。在這個遊戲中，一隻貓就是一個 NFT，它們擁有專屬的標識和基因，具有唯一性，不可複製、帶走，更不可以銷毀，並且每隻貓都有指向的所屬權。

5. 3D 技術太難用，
改用立體像素方塊

數位分身就是參照現實世界的物體，在虛擬空間創建一個動態分身。在感應器的作用下，本體的運行狀態、外部環境資料，都可以即時映射到數位分身上。作為一項主要應用於工業領域的技術，數位分身應用於元宇宙，可以為其創建更豐富、更逼真的環境，營造沉浸式的體驗。

UGC 意為使用者生成內容，是元宇宙內最主要的內容生產方式。目前，元宇宙的內容生成方式主要是 3D 建模，雖然這種方式可以建構非常逼真的模型，但只能在 2D 視覺上產生 3D 的效果，而且無法分割，不適合用來構建元宇宙。何況 3D 建模的技術門檻和成本較高，不適用於普通用戶，而且無法滿足內容生成的易用性需求。

借助立體像素建模，人類可以構建一個無限接近真實宇宙法則的元宇宙。在立體像素建模的過程中，方塊是最小的單位，屬性相同的方塊可以看作 FT，同數量與屬性的 FT，按照不同的排列方式組合形成 NFT，這些 NFT 相互嵌套形成新的 NFT。FT 與 NFT 既相互對立，又彼此統一，這是立體像素建模模仿真實宇宙法則的基礎，因為在這種特性下，每個方塊都能單獨改變，而且可以隨時間推移，做出一些細微的調整。

雖然從視覺效果方面看，立體像素建模創造的世界比不上現實世界，但透過提升方塊的解析度，可以呈現出更逼真、更立體的視覺效果。提升方塊解析度的主要方式就是縮小方塊的體積，增加同一模型下方塊的數量，這樣就可以打造出更精緻的畫面。

除了提升方塊解析度，利用光線追蹤等技術渲染畫面，同樣可以創造近乎真實的圖形及光影效果。當然，這對硬體設備的儲存能力與計算能力的要求更高。因為立體像素建模，搭建的是一個 3D 立體世界，搭建方式猶如在現實世界中蓋房子，使用戶可以像在現實生活中一樣，在虛擬世界裡穿梭並進行創作。

PART 2

產業篇

第 4 章

打造產業鏈的
七個層次

1.不用再搶票，
人人都能坐在搖滾區

　　元宇宙所涉及的價值鏈，涵蓋了人們尋求的各種互動體驗，以及滿足這些體驗需要用到的各種技術。元宇宙在創建過程中，被注入了現實世界的運行邏輯，這樣一來，元宇宙就變成了有情感需求，以及自由市場的數位世界，其運行邏輯可以概括為「數位個體＋社會邏輯＋經濟邏輯」。

　　元宇宙目前的布局，主要圍繞在遊戲、社交、創作等。美國軟體技術公司 Beamable 創始人喬恩‧拉多夫（Jon Radoff）認為，元宇宙價值鏈應該包括七個方面，分別是體驗（Experience）、發現（Discovery）、創作者經濟（Creator Economy）、空間計算（Spatial Computing）、去中心化（Decentralization）、人機互動、基礎設施（Infrastructure）。凡涉及這些領域的企業，在布局元宇宙方面都具備先天優勢。

　　接下來，我們將具體分析元宇宙產業鏈中的**體驗層**。

　　很多人認為元宇宙是一個三維空間，但它既不是 3D，也不是 2D，甚至不是具象的宇宙，而是對現實空間、距離及物體的非物質化。

　　目前，遊戲是元宇宙最主要的表現形式，例如主機遊戲《堡壘前線》、虛擬實境音樂遊戲《節奏光劍》（*Beat Saber*）、電腦

端的《機器磚塊》等。此外，還出現了智慧型助理 Alexa、虛擬會議平臺 Zoom、多人線上語音聊天社交軟體 Clubhouse，以及運動器材 Peloton 等眾多應用。

現實空間非物質化，可以讓用戶輕鬆獲得之前不容易擁有的體驗，遊戲就是一個典型代表。在遊戲中，玩家可以成為任何一個角色，如明星、賽車手、俠客、武士、神仙等。這種體驗可以延伸到現實生活的各個場景，例如，演唱會的搖滾區體驗較好，但不是所有人都能買到，但在虛擬世界，人們可以生成個性化影像前往演唱會現場，無論在哪個位置都能有最佳觀看體驗。

未來，遊戲會涵蓋更多生活娛樂要素，例如音樂會、戲劇等。目前，《堡壘前線》、《機器磚塊》和《娛樂室》（*Rec Room*）等遊戲正在朝這方面努力。加入這些娛樂要素之後，無論遊戲還是線上社群，都會變得更加完善。同時，遊戲還將延伸到旅遊、教育等行業，利用虛擬經濟的邏輯，重塑這些行業。

上述生活場景要素，構成了體驗層的另一個內容——內容社群複合體。過去，使用者只是內容的消費者，在元宇宙，則會成為內容的生產者與傳播者。以前，微博等平臺總會強調一個概念——使用者生產內容。但在元宇宙，使用者生成內容的方式多元化，使用者可以主動創造內容，使用者互動也會產生內容，這些內容又會對社群內的對話產生影響，最終達到「內容產生內容」的效果。因此，元宇宙中的沉浸感指的不只是 3D 空間或空間敘事，還包括社交感及其引發互動、推動內容產出的方式。

2. 即時連線好友，
距離再遠都能馬上開房間

發現層的主要功能，是將人們吸引到元宇宙。作為一個巨大的生態系統，其背後存在諸多商機，可以被企業發掘、利用。從廣義上看，發現系統包含兩大機制：

· **主動發現機制**：用戶主動尋找，主要包括即時顯示、社群驅動型內容、應用程式商店、內容分發、搜尋引擎、主流媒體、多數好友使用的 App 等。

· **被動輸入機制**：在用戶沒有提出明確需求的前提下，把內容推播給使用者，主要包括廣告、群發型廣告投放、通知等。

網路使用者對上述內容比較熟悉，所以會聚焦發現層的幾個構成要素。對於元宇宙來說，這些要素非常重要。

首先，相較於其他行銷形式，社群驅動型內容的成本效益更明顯。當人們將關注點放到他們所參與的活動上時，就會主動傳播這個活動。在元宇宙中，如果內容本身容易交換、分享，就會成為一種行銷資產。在這方面，NFT 就是一種已經出現並成形的技術，這種技術有兩個優勢：第一，在中心化交易所交易比較容易；第二，賦能於直接創作者參與的經濟體系。

其次，作為一種發現手段，內容市場會替代應用市場。作為瀏覽社群的一種主要形式，即時顯示功能會聚焦當下人們的動向。在元宇宙中，這一點非常重要。一些遊戲平臺就利用了即時顯示功能，例如電子遊戲數位發行服務平臺 Steam、戰網（暴雪娛樂）、Xbox Live 和 Play Station 等。在這些遊戲平臺，玩家可以查看好友最近的遊戲紀錄。保羅・戴維森（Paul Davison）和羅漢・塞思（Rohan Seth）共同開發，主打即時性的音訊社交軟體 Clubhouse，則展示了另一種可能性，即用戶的關注列表，將決定用戶會進入哪個房間。

正如使現實世界非物質化一樣，元宇宙也在努力的將社會結構數位化。早期的網路，是由少數幾個社交媒體的黏著度所定義的，而在去中心化的身分生態系統的作用下，群體可以掌握權力，用戶可以在共有體驗中實現無縫切換。具體來看，在 Clubhouse 創建房間、娛樂室開趴，就是讓用戶在不同的遊戲間切換，和朋友一起體驗不同的樂趣，這就是內容社群複合體在行銷領域的重要應用。

對於創作者來說，元宇宙發現層最重要的功能就是「多種活動的即時存在查看功能」。例如，遊戲商店 Discord 的 SDK（Software Development Kit，軟體開發套件），可以應用於不同的遊戲環境。如果大範圍使用，就可以將非即時性的社交網路轉變為即時的社交活動。賦予社群領導者一定的許可權，讓社群領導者發起活動，或許將成為一種潮流。

3.創作者經濟，技術引爆創意革命

在元宇宙，用戶不僅可以享受到具有沉浸感、社交性和即時性的體驗，創作者的數量也會呈指數增長。**創作者經濟層**包含所有用來製作各種體驗的技術，可供創作者取用。早期的創作者經濟模式比較固定，在後續發展的過程中會慢慢豐富。

具體來看，元宇宙創作者經濟層的發展會經歷三個時代，分別是先鋒時代、工程時代和創作者時代。

· **先鋒時代**：也就是從零開始的時代，在這個時代，創作者沒有任何工具可用，只能自主創造。例如，利用 HTML 編碼創造第一家網站，為購物平臺寫入購物車程式，工程師直接將程式碼寫入遊戲與顯示卡設備等。

· **工程時代**：經過先鋒時代，創作者取得初步成功後，創作者隊伍的成員數量會迅速增長。從零開始創建不僅流程繁瑣、效率低，而且成本較高，無法滿足用戶需求。在這種情況下，早期開發者就會向工程師提供 SDK 和中介軟體（按：提供系統軟體和應用軟體之間連接、便於軟體各部件之間溝通的軟體），以縮短開發流程，減輕工程師的工作量。

例如，目前最有效率的 Web 框架之一 Ruby on Rails，就可以

讓開發人員輕鬆創建資料驅動的網站。在遊戲領域，OpenGL（按：用於彩現 2D、3D 向量圖形的跨語言、跨平臺的應用程式編程介面）和 DirectX（按：由微軟公司建立，一系列專為多媒體及遊戲開發的應用程式介面）等圖形庫，可以幫助工程師快速完成 3D 圖形渲染，大幅減少工程師的工作量。

· **創作者時代**：進入創作者時代，創作者的數量呈指數增長。在這個階段，設計師與創作者都不希望因為編碼問題浪費時間、降低效率，編碼人員則希望獲得其他的發揮空間。借助豐富的工具、範本和內容市場，創作者將重新定義開發過程，即顛覆傳統的自下而上、以程式碼為中心的開發過程，轉變為自上而下、以創意為中心的開發過程。

在這個階段，用戶可以在不了解程式碼的情況下，只花幾分鐘在電子商務平臺 Shopify 中啟動一個購物網站。網站可以在 Wix 或 Squarespace 中創建和維護，3D 圖形可以利用 Unity 和 Unreal 等遊戲引擎製作。

在元宇宙中，這些體驗將變得越來越生動，更新速度也將越來越快。到目前為止，元宇宙中創作者驅動的體驗，都是借助《機器磚塊》、《娛樂室》和 Manticore 等平臺實現。這些平臺擁有完整的工具體系，具備發現、社群網路和貨幣化功能，為用戶創造體驗提供了強而有力的支援，使得創作者群體迅速壯大。

4. 空間計算，打造數位分身

空間計算層消除了真實世界和虛擬世界之間的邊界，使兩者相互融合。如果條件允許，機器中空間與空間中的機器將相互滲透，這意味著創作者可以將空間帶入電腦，創作者設計的系統可以突破螢幕與鍵盤的束縛。

空間計算技術可以參照現實的物理世界，構建一個數位分身世界，連接現實的物理世界與數位虛擬世界。元宇宙中的每個居民都可以參與數位世界的構建，他們既是建造者，也是使用者，每個人都能為元宇宙的發展，貢獻自己的力量。總之，空間計算技術可以實現數位世界和現實世界的無縫對接，讓兩個世界可以相互感知和理解。空間計算層包括 3D 引擎、VR、AR、MR、語音與手勢識別、空間映射、數位分身等技術。

以 2D、3D 遊戲引擎 Unity 為例，目前，Unity 支援開發的主流平臺超過 20 個，包括手機、PC、Switch、PS5、Xbox 等。自誕生以來，Unity 一直致力於維護這些平臺的更新，以便開發者將開發的遊戲發布到任何一個平臺。其中，XR 領域的很多主流開發平臺都向 Unity 開放，包括 VR 領域的 Oculus、Windows Mixed Reality、Steam VR；AR 領域的 ARCore、ARKit；MR 領域的 HoloLens、Magic Leap 等。

隨著數位分身技術不斷發展，物聯網的連線對象覆蓋了實物

及其虛擬分身，促使實物對象空間與虛擬對象空間不斷融合，創建了一個虛實混合空間，物聯網也將發展成新一代數位分身網，成為整個元宇宙的核心。

隨著 VR 技術的不斷進步，用戶需求持續升級，虛擬實境技術的應用範圍將拓展到各行各業，在新的媒介感知、新模式中得到廣泛應用。在此形勢下，虛擬實境終端將逐漸變得多元化，也將相互融合。VR 將成為一個全新的熱門消費領域，讓用戶體驗到更加場景化的社交活動、更具沉浸感的娛樂活動，以及體驗感更優的購物活動。隨著技術不斷成熟，數據累積越來越多，數位分身應用將不斷升級，讓每一位用戶都擁有隨時可觸及的數據互動與決策能力，讓每一位普通用戶都能如同專家一般。

總而言之，元宇宙想要將虛擬世界與現實世界連接在一起，數據有著至關重要的作用。因為虛實結合的技術要以大數據為基礎，與人工智慧技術緊密結合，以增強真實感。元宇宙需要充分發揮網際網路、物聯網和大數據的優勢，利用物理網感測器蒐集各類資訊，增強使用者的互動感與體驗感。

5.去中心化： 區塊鏈、DeFi 與 NFT

　　區塊鏈技術為元宇宙基礎設施建設提供動力，是一個不可缺少的工具。想要實現去中心化的願景，需要依賴社群驅動的數位產品，在那裡**開展去中心化的經濟**，並讓玩家感覺可以控制自己在去中心化的開源世界中所做的事情。

　　區塊鏈技術可以打造一個去中心化的清結算平臺，創建價值傳遞機制，明確元宇宙的價值歸屬問題，創建一個穩定、高效的經濟系統，提高規則的透明度，保證各項規則均可實際執行。去中心化的虛擬資產可以脫離內容，實現跨平臺流通，具備真實資產的部分功能，變得更加真實。

　　未來，區塊鏈技術將成為構建元宇宙的底層技術，並在創建過程中發揮作用，具體如下頁表 4-1 所示。

　　在區塊鏈技術的支援下，金融資產無須再接受集中控制與託管，這一點已經在 DeFi（Decentralised Finance，去中心化金融，一種建立於區塊鏈上的金融，它不依賴券商、交易所或銀行等金融機構提供金融工具，而是利用區塊鏈上的智慧型合約進行金融活動）中得到證實。

　　2021 年 8 月，非同質化代幣線上交易市場 OpenSea 在以太坊實現了 34 億筆交易，並展示了幾種 NFT 的價格，使得以太幣價

格上漲。因為大部分 NFT 產生於以太坊區塊鏈，所以，隨著 NFT 受到的關注越多，價格不斷攀升，以太幣也會隨之出現。

在元宇宙的各項構成中，NFT 和加密貨幣扮演著非常重要的角色，它們是去中心化經濟、發展數位商務的重要基礎。例如，所有類型的 NFT 都在 Decentraland（按：創立於 2017 年 9 月，是一個由區塊鏈驅動的虛擬實境平臺，也是第一個完全去中心化、由用戶擁有的虛擬世界）交易。迄今為止，遊戲最大的虛擬實境

表 4-1 區塊鏈技術賦能元宇宙

區塊鏈技術	主要作用
鏈上治理	在 DAO（Decentralized Autonomous Organization，分散式自治組織）的作用下，社區可以掌握生態系統的管理權。系統規則記錄在區塊鏈的智能合約中，DAO 成員可以透過更新代碼來修改規則，或者根據自身持有的代幣數量（即享有的投票權）提出修改申請。
層級分布	從架構上來講，元宇宙可以劃分為多個層級，在區塊鏈上可以實現層級劃分，以保護生態系統的安全，縮短網路延遲。
無須許可的身分	這一項功能使每個人都可以享受元宇宙的開放網路。
增強去中心化經濟	元宇宙的一個重要特徵就是去中心化，區塊鏈可以為元宇宙提供完整的去中心化基礎設施。
互操作性	元宇宙是一個無限的空間，區塊鏈可以將幾個不同的元宇宙連接在一起，支持用戶發展多方談判與商品交換。

地產交易就發生在 Decentraland，2021 年 6 月，Decentraland 上的一塊土地賣出了 100 萬美元。

　　NFT 具有收藏性，這是它的獨特之處。基於這一特性，內容創作者可以為其設定價值。NFT 是具備了區塊鏈標準的獨特數位作品，可以保證產品獨一無二。ERC-721 是以太坊區塊鏈發布的第一個代幣標準，每個標準都可以作為追蹤資產所有權的智慧型合約。隨著競爭越演越烈，為了在 NFT 市場占據一定的份額，其他協議也推出了自己的標準，例如 BNB Chain、Solana 或 Avalanche 等。

　　隨著 NFT 和區塊鏈的出現，以去中心化市場和遊戲資產應用程式為核心的創新活動將大量湧現。在 Far Edge 運算的支援下，雲端運算可以廣泛應用在住宅、車輛等領域，不但能降低網路延遲，還可提供強大的網路運算能力，以支援功能極大的應用程式運行，並且不會增加設備的工作負擔。

6. 人機一體，玩家不再頭暈目眩

在**人機介面層**，微型電腦設備將與人類軀體緊密結合，人體將逐漸具備類似半機械人的結構。以臉書推出的無線 VR 頭盔 Oculus Quest 為例，這款頭盔可視為被重構成 VR 設備的智慧型手機，解放了用戶的雙手。解除這種束縛，可能成為智慧型產品未來的發展方向。繼 VR 頭盔之後，人們可能很快就會擁有具備智慧型手機所有功能，以及 VR、AR 應用程式的智慧型眼鏡。

VR 技術是連接元宇宙和現實世界的橋梁，是實現元宇宙沉浸感的關鍵。VR 的關鍵字在於「娛樂體驗」，AR 則在於「提升效率」。VR 會早於 AR 發展，因為娛樂具備可快速推廣的屬性，能迅速觸及更多人群，但隨著 AR 技術不斷完善，AR 市場占比也會越來越高。

從臉上的螢幕，到心想事成

隨著感應器的體積越來越小，邊緣計算系統的延遲越來越短，在未來的元宇宙中，人機互動設備將承載越來越多的應用和體驗。目前，人們普遍將 VR、AR 頭戴顯示器作為進入元宇宙的終端，將智慧型可穿戴設備、腦機介面等視為可以提升沉浸感的裝備。

腦科學被稱為理解自然和人類的「終極疆域」，科學家認為

腦計畫工程的意義，遠甚於人類基因組計畫。腦機介面就是腦計畫工程的一項產物，被視為新一代互動式遊戲的主要入口。

　　腦機介面能帶給使用者的體驗感，遠勝於傳統的電腦、手機等智慧型終端機，以及目前正在探索的 VR 和 AR 設備。目前，市面上所有遊戲，玩家在遊戲中的角色所做的動作，都是工程師預先設定好的，例如攻擊、跳躍等，玩家透過按鍵觸發預設動作，就可以完成與遊戲的互動。在這種模式下，玩家無論使用哪種遊戲技能，預設動作都不會改變。

　　透過腦機介面，玩家可以用意念控制遊戲，更自由的操控遊戲。在元宇宙中，玩家可以用意念控制身體的每一個部位，工程師不需要再為遊戲中的角色預設動作，玩家也可以擺脫預設動作的束縛，享受到更極致的互動體驗。

　　VR 眼鏡雖然也可以提高玩家的沉浸感，卻同時會讓玩家產生暈眩感。因為玩家在遊戲中與物品發生互動時，會發生視覺與觸覺的分裂，而感到暈眩。而**腦機介面的信號雙向傳輸可以解決這個問題**。在腦機介面的幫助下，玩家在元宇宙中與遊戲中物品發生互動時，會擁有實際的觸摸感，甚至可以感受到物品的重量。

　　也就是說，腦機介面將現實世界與虛擬世界連接在一起，即便在虛擬世界，玩家也可以用眼睛去看、用手去觸摸、用耳朵去聽。如果這個設想成為現實，人類也就有可能在虛擬世界居住。

　　在多形態互動設備、高精度感應器、多類型終端運算、高品質互動傳輸、高級智慧互動演算法和智慧感知演算法的支援下，

腦機介面技術可以從多個維度，對元宇宙的發展產生推動作用，包括場景、物件、需求等。

除此之外，還有可能出現其他有創意的產品，例如與服裝一體的 3D 列印可穿戴設備、可以印在皮膚上的微型生物感應器、一般大眾皆可負擔的神經介面等。

7.四大技術基底，
缺一個就不是真的元宇宙

‧ **網路（通訊）**：憑藉高速率、低延遲、廣連接的特性，5G 可以作為人機物互聯的網路基礎設施。元宇宙對數據傳輸能力提出了較高的要求，無論是數據傳輸規模，還是數據傳輸速率以及穩定性。5G 網路可以滿足上述需求，增強虛擬實境設備的體驗感，推動元宇宙發展。

‧ **晶片（算力）**：要實現元宇宙的內容、網路、區塊鏈、圖形顯示等功能，離不開強大算力的支持。在雲端算力方面，DPU（Distributed Processing Unit，分散處理單元）晶片可以透過對各種高級網路、儲存與安全服務進行分流、加速和隔離，提高雲端、數據中心或邊緣側等各項工作的開展效率；在終端算力方面，在異構晶片的支援下，單晶片系統（SoC）中的 CPU、GPU、現場可程式化邏輯閘陣列（FPGA）、DPU、ASIC 等晶片可以協同工作，提高算力，帶給用戶更優良的體驗。

‧ **雲端運算與邊緣運算**：透過雲端運算與邊緣運算，用戶可以獲得豐富的計算資源，更方便、快捷的進入元宇宙。這裡所說的雲端，主要包括 IDC（internet data center，網際網路資料中心）、

電腦叢集，邊緣側主要包括手機、電腦等終端，以及無線存取點、蜂巢式網路基地臺與路由器等基礎設施，兩者可以互為補益。

・**人工智慧**：在元宇宙中，人工智慧有相當廣泛的應用，包括創建資產、豐富內容、改善用來構建元宇宙的軟體和流程等。

除此之外，構建元宇宙還需要更多複雜技術的支援，例如圖像處理技術需要持續最佳化，以提升體驗。隨著不斷拓展物聯網的應用範圍，元宇宙的介面可能變得更加多元，涵蓋汽車、家電等領域。

也就是說，元宇宙的創建與發展離不開晶片、通訊、VR、AR、AI、區塊鏈等底層技術的發展與成熟。只有在底層技術的支援下，元宇宙才能在豐富遊戲、娛樂、社交等功能的同時，賦予用戶一定的自主權，搭建 UGC 平臺，支援使用者創作內容，讓使用者可以享受到多元化的虛擬體驗，這些體驗將涵蓋遊戲、社交、電子競技、戲劇、購物等方面。

元宇宙在發展過程中，幾乎集成了所有新技術，為其帶來了很多好處，也帶來了很多挑戰。好處在於，在這些頂尖技術的幫助下，可以創造出超乎想像的相關產品；挑戰在於元宇宙的核心價值為體驗，如果在技術融合的過程中，有一項技術沒有達到預期的體驗標準，就會對其發展造成沉重打擊。

元宇宙集成了很多技術，這些技術的組合呈現出木桶理論（Cannikin law 或 Buckets effect，一個木桶能盛多少水，並不取決

於桶壁上最高的木板，而是取決於桶壁上最短的木板，用以強調團隊精神的重要）。首先，5G 等通訊技術，基本可以滿足元宇宙的要求；其次，UGC 內容、3D 引擎、算力等技術，能滿足短期發展要求，且這些技術會隨著發展不斷完善；最後，VR、AR 等虛擬技術仍需發展，以滿足元宇宙發展的基礎要求。

　　目前，元宇宙的產品供給還無法滿足使用者需求，這一點主要展現在通訊與虛擬實境環節。通訊環節可以犧牲部分遊戲的位元速率，以尋找合適的解決方案；但由虛擬實境設備帶來近乎真實的體驗感，需要在頂尖技術的支援下才能實現。

第 5 章

三大投資機會，
搶占紅利風口

　　網路產業之所以能在短時間內繁榮發展，可以用兩個規律來解釋。

　　• **飛輪效應**：處於靜止狀態的飛輪要轉動起來，一開始必須花費很多力氣，但隨著飛輪被啟動，其轉動速度也會越來越快。當網路產業發展到生態足夠健全和繁榮的階段，將形成飛輪效應，邁入生態自我促進和自動增殖優良內容的持續繁榮階段。

　　• **網路效應**：使用者對資訊產品需求的滿足程度，與使用該產品的用戶數量密切相關。當使用者規模比較小時，使用者獲得的訊息不僅有限，而且所需的營運成本極高；隨著使用者數量增加，網路具有的價值也會呈幾何級數增長。

　　由於與網路產業具有類似的屬性，元宇宙產業的發展也同樣適用上述兩個規律。當元宇宙領域的內容，在品質和類別等方面都已經足夠吸引用戶後，也會受網路效應的影響，增長的邊際成本不斷降低；而隨著產業發展，其也會受到飛輪效應的影響，邁入能快速增值的繁榮發展階段。

　　僅憑現有的技術，從目前的網際網路邁向元宇宙，還需要很長一段時間，但毋庸置疑的是，元宇宙是網路發展的一個重要方向，擁有廣闊的發展空間。在此形勢下，全球網路公司的巨頭紛紛開始布局，希望獲得領先優勢，引領未來的發展。

從資本層面來看，元宇宙產業所包含的投資機會主要在三個層面，如表 5-1 所示。

表 5-1 元宇宙領域的投資機會

三個層面	具體內容
硬體層面	元宇宙從概念到現實所需的硬體設備，比如 VR、AR 等。
內容層面	比如世界最大的多人線上創作遊戲《機器磚塊》等，可能在未來引爆元宇宙的內容生態。
金融交易層面	元宇宙中經濟系統所需的底層支援，比如 NFT 等。

硬體面：從概念到現實的載體

一般來說，硬體可以分為兩種類型，一類是通用硬體，另一類是專用硬體。前者主要包括算力和傳輸網路，後者主要包括 VR、AR 設備等。

·**通用硬體基礎**：在元宇宙的通用硬體方面，網路傳輸的主要功能是降低用戶互動延遲，讓用戶盡可能獲得真實的體驗。目前，網路傳輸領域最具代表性的技術就是 5G。在算力方面，元宇宙的創建、運行與維護，都對算力提出了極高的要求，進而要求

提高個人終端的性能及其便攜化程度，讓個人終端實現並行。

隨著算力不斷提升，雲端運算的可擴展性也隨之得到提升，可以對算力集群和邊緣運算資源進行整合應用，降低個人終端的運算能力門檻。目前，雲端運算已經應用在雲端遊戲中，未來將為元宇宙提供強有力的支援。

・**專用硬體基礎**：元宇宙專用硬體主要包括 VR、AR 設備和腦機介面設備等，主要功能是增強用戶的互動體驗與沉浸感。其中，VR、AR 設備經過多年發展相對成熟，已廣泛應用在 3D 電影、3D 演唱會、模擬駕駛訓練、線上虛擬旅遊等。

元宇宙的本質是一個虛擬空間，用戶以虛擬形象存在其中，且可以與其他用戶互動。但用戶在元宇宙中的存在和互動，需要借助相關技術和設備，才得以實現。其中，借助 VR 技術，用戶在元宇宙中，可以獲得與現實世界類似的真實、具體的體驗；借助 AR 技術，元宇宙在與現實世界維持相似運行模式的同時，兩者之間的融合也會更加深入。

另外，元宇宙的發展也必將為 VR、AR 產業提供更加廣闊的發展空間。隨著相關技術的發展，其技術成熟度會越來越高，可以應用於更多領域。而技術的成熟也會帶動價格下降，屆時 VR、AR 的用戶群體將會更加廣泛，其商業價值與網路的融合，也將推動元宇宙時代的到來。

腦機介面技術，是指無須借助語言和肢體等方式，讓人腦與

電子設備透過直接的訊號管道直接互動。因為人透過眼、耳、口、鼻等感官獲得的所有資訊，都要傳輸到大腦進行加工才能感知，而腦機介面技術則讓大腦直接與電子設備連接，透過刺激大腦對應區域，模擬感官體驗。

如果腦機介面技術可以成功應用於虛擬實境，極有可能取代 VR、AR 設備，成為元宇宙時代連結現實世界與虛擬世界的最佳設備。因此，該技術已吸引了很多企業進行布局，包括特斯拉（Tesla, Inc.）執行長伊隆‧馬斯克（Elon Musk）的 NeuraLink、Kernel、Mindmaze 等，相關技術仍處在實驗階段。

軟體面：底層技術三大基石

‧**區塊鏈**：在元宇宙的底層技術中，區塊鏈是一項相對重要的技術。這裡所說的區塊鏈指的是非常底層的概念性分類，即公有鏈、私有鏈、聯盟鏈。正是在這些底層技術的支援下，區塊鏈才形成了基礎應用，有了廣闊的應用空間。

在上述三種區塊鏈技術中，公有鏈向所有人開放，允許所有人參與；聯盟鏈只向特定的組織和團體開放；私有鏈只向個人或企業開放。也就是說，公有鏈、聯盟鏈、私有鏈這三項技術的包容性依次遞減，它們是所有區塊鏈技術的基礎。

區塊鏈應用於元宇宙構建的核心優勢為去中心化、不可竄改，所以可以用來傳遞價值與權益，因此，區塊鏈又被稱為價值網路，

賦予了元宇宙更多價值以及更強烈的真實感。

・遊戲化：

1. 遊戲引擎：指已經編寫好且可編輯的電腦遊戲系統，或者一些交互式即時圖像應用程式的核心元件，主要由排版引擎（按：負責取得標記式內容、整理資訊，並將排版後的內容輸出至顯示器或印表機）、物理引擎（按：是一個電腦程式類比牛頓力學模型，主要用在計算物理學、電子遊戲以及電腦動畫）、碰撞檢測系統、音效、腳本引擎、電腦動畫、人工智慧、網路引擎以及場景管理等構成。

在元宇宙中，遊戲引擎影響的是圖像部分，直接決定圖像的呈現效果，以及用戶體驗的真實感。目前，一些電影特效已可以達到以假亂真的效果，這些特效就是特效公司的技術人員，投入大量時間與精力做出來的。

隨著遊戲引擎不斷發展，遊戲畫面也將達到以假亂真的效果。未來，人們借助 VR 設備進入元宇宙，可能會看到堪比電影特效的場景。在這些場景中，眼睛可能受到欺騙，使人誤以為這就是真實世界，從而產生極其強烈的真實感。

2. 即時渲染：是一項與遊戲引擎相關的技術，渲染指的是處理器運算畫面資訊，並繪製在螢幕上的過程。簡單來說，就是讓電腦畫出需要的畫面。除了即時渲染外，還有一種渲染方式叫做離線渲染。

離線渲染指的是處理器運算畫面與畫面顯示不同步進行，處理器先按照事先設定好的光線、軌跡進行渲染，之後再連續播放以達到動畫效果。

即時渲染指的是處理器運算畫面與畫面顯示同步進行，在這個過程中，技術人員可以即時操控，保證畫面渲染效果，這種方式對系統負荷能力要求較高。很多時候由於系統負荷能力有限，技術人員不得不降低對渲染效果的要求。

3. **建模技術：**元宇宙的創建離不開建模技術和建模軟體。在 2021 年 4 月輝達舉辦的發布會上，公司創始人兼執行長黃仁勳真人出鏡介紹產品，但在介紹過程中，有 15 秒的時間，真正的黃仁勳消失了，站在那裡的是透過 NVIDIA Omniverse 平臺渲染出來的「虛擬老黃」。這場發布會讓人們看到了 NVIDIA Omniverse 平臺以假亂真的能力。

NVIDIA Omniverse 是輝達發布的電腦圖形與仿真模擬平臺。2021 年 8 月 10 日，輝達宣布該平臺將與 Blender 和 Adobe 合作以大規模擴展，向數百萬新用戶開放。

4. **人工智慧：**作為一項用於模擬、延伸、擴展人類智慧的理論、方法與技術，人工智慧涵蓋的技術種類非常多，幾乎適用於所有學科，是元宇宙創建與運行的一項關鍵技術。前面提到的即時渲染，就需要借助人工智慧技術來完成。在元宇宙中，人工智慧技術的應用範圍極廣，甚至達到了無所不在的程度。但這裡，我們重點討論人工智慧在豐富元宇宙方面的能力。

一方面，在元宇宙構建過程中，人工智慧可以自動生成相關圖形，交給技術開發人員微調精修，以縮短元宇宙構建週期，節省人力成本；另一方面，人工智慧可以讓元宇宙擺脫提前設定好的劇情與規畫，即時回饋玩家的行為，從而衍生出大量分支劇情，節省開發成本。

在這種模式下，元宇宙中的虛擬人物可以跳出遊戲 NPC 的固有設定，變成一個沒有固定模式、根據玩家回饋做出反應的高度智慧虛擬人，打造一個完全自由、高度沉浸的元宇宙。

・**顯示**：

1. **體感技術**：是指人們不借助任何設備，只利用肢體動作與周邊設備、環境互動，為用戶在線上的立體溝通提供強而有力的支援。目前，按照體感方式與互動原理，體感技術可以分為三種類型，分別是慣性感測、光學感測以及聯合感測。

其中，聯合感測的應用範圍最廣，透過在搖桿中添加重力感測器、紅外線感測器、動感 IR 照相機來識別物體，帶給使用者更具沉浸感的遊戲體驗。目前在這方面，任天堂（Nintendo）與索尼（Sony）處在領先地位，推出了很多相關應用產品。

在元宇宙構建中，體感技術的應用很重要。體感技術與 VR、AR、MR 技術相結合，可以為用戶提供一種更簡單進入元宇宙的方式。同時，借助體感技術，肢體動作可以在虛擬世界中反映得更直覺，讓真實的人與其在元宇宙中的虛擬形象完美配合。

2. 全息投影（holography）：又稱全像攝影，是利用光學手段，記錄和再現物體真實的三維影像的技術。在電影《鋼鐵人》（*Iron Man*）中，男主角就利用全息影像檢修設備。2018 年，Front Pictures、Red Rabbit Entertainment 和 PROFILTD 三個創意團隊，聯合在《美國達人秀》（*America's Got Talent*）中表演了一個精彩的節目——〈逃脫記憶〉（*The Escape*），演員透過全像攝影進入遊戲世界，在舞臺上起飛、墜落和翻轉，引起了轟動。

這個節目證明，全像攝影具備連接現實與虛擬世界的能力，在這項技術的使用下，元宇宙可以模糊物理世界與現實世界的邊界，帶給人們無限的想像空間。或許有一天，我們可以真正體會一次「莊周夢蝶」，在睡夢中進入元宇宙變成一隻蝴蝶，體驗與眾不同的生命過程。

3. **物聯網**：是指借助感測器、紅外線感測器、雷射掃描器等設備，及無線射頻辨識、全球定位系統等技術，即時採集物體的聲、光、熱、電、力學、化學、生物、位置等資訊，將人與物以各種方式連接在一起，實現對物品的智慧化管理。在元宇宙中，物聯網的應用可以實現泛在網路的概念（按：Ubiquitous，意思是無所不在的網路），物聯網與各種硬體設備相結合又構成了顯示基礎，是一項不可或缺的技術。

內容面：工作、社交和虛擬遊戲結合

　　元宇宙想要成為一個近似真實世界的虛擬世界，必須和真實世界一樣滿足人們的基本需求，例如工作、娛樂、社交、購物等。因為元宇宙的核心優勢主要是沉浸感與互動性，所以會將注重用戶體驗的虛擬遊戲作為切入點，甚至有可能將遊戲打造成工作、社交、生活的主要載體。

　　在這種情況下，元宇宙中的大部分場景應用，都會透過虛擬遊戲的形式展現出來，也可以說，元宇宙就是虛擬遊戲的載體。屆時，元宇宙中的所有應用場景，都會具備遊戲化的特點。目前，一些開放式的 UGC 遊戲已經開始在該領域探索，典型代表如《當個創世神》系列、《機器磚塊》。

　　・《當個創世神》：發布於 2009 年，是一款沙盒遊戲（按：此種遊戲通常有著較大的地圖，以及與環境、NPC 之間高度的互動性。極高的自由度，並能自行探索、創造、改變遊戲內容為沙盒遊戲的最大賣點），鼓勵玩家自行探索、自由創作。在這款遊戲中，玩家可以利用平臺提供的材質方塊和環境單體，展開一系列活動，例如建造房子、採集礦石、修改地圖、探險、戰鬥等。玩家可以在遊戲的過程中完成 UGC 創作，不斷豐富遊戲內容。

　　從某種程度上說，正是在 UGC 模式的支援下，《當個創世神》才得以長盛不衰。為了鼓勵使用者創作內容，其為使用者提供配

套工具，降低遊戲開發門檻與內容創作成本，最大程度上滿足用戶的個性化需求，進而激發用戶創作的積極性，增強用戶黏著度。目前，《當個創世神》的註冊用戶已經超過 4 億，開發團隊超過了 1.2 萬個，平臺上的優質內容超過 5.5 萬份，且這些數字仍在不斷增長。

· 《機器磚塊》：2021 年 3 月 11 日，世界上最大的多人線上創作遊戲公司 Roblox 在紐約證券交易所上市，作為元宇宙概念第一股，Roblox 上市首日的估值，就達到了 450 億美元。《機器磚塊》是一款能夠相容虛擬世界、休閒遊戲和自建內容的遊戲創作平臺，大多數遊戲作品由使用者自主開發，截至上市之時，已吸引超過 700 萬名的自由遊戲開發者，開發出的遊戲更是超過 1,800 萬種，玩家參與總時長超過 222 億小時。

作為全球最大的多人線上遊戲創作平臺，用戶不僅可以在《機器磚塊》平臺上體驗遊戲，也可以基於平臺提供的創作工具，自行創建新的遊戲作品，或開發 VR、3D 等數位內容。此外，用戶還能利用 Roblox studio 以創作的內容換取虛擬貨幣。由於擁有龐大的用戶群，平臺也具有社交功能，用戶可以與其他使用智慧設備的玩家一起參與遊戲，或使用聊天、私訊等功能交流。這種以玩家參與和創作為主導的沉浸式體驗場景，使得《機器磚塊》具有了與元宇宙類似的屬性，可以被認為是元宇宙的雛形。

總而言之，從網際網路到元宇宙，內容層面將發生巨大改變。後者將把遊戲作為展現內容的主要載體，創造出「遊戲＋演

唱會」、「遊戲＋工作會議」、「遊戲＋畢業典禮」等諸多模式，
透過結合各類需求與虛擬遊戲，徹底顛覆目前的娛樂方式、社交
方式，乃至合作方式，實現前所未有的重大創新。

交易面：NFT 的特別之處

在元宇宙中，所有元素的所有權、驗證、保存等功能，都需
要藉由 NFT 來實現。NFT 具有不可分割、不可代替、獨一無二
等特點，可以解決虛擬世界中土地、房屋、個人資料等資源歸屬
權問題。

NFT 的核心價值，就是可以將現實世界的所有事物連接到區
塊鏈上。所有事物都可以用 NFT 表示，包括價值較大的實體資
產、商業創意、智慧財產權，也包括價值較小的車、玩具、寵物、
照片等。如果現實世界的一切事物都能映射到區塊鏈，必將創造
出一個超乎想像的空間，帶給人們前所未有的體驗。

一直以來，作品的版權保護問題，都是令創作者極為頭疼的
難題，追究侵權問題不僅難度大，成本也高。而 NFT 的雛形就為
了這一個問題，提供了一種絕佳的思路。

NFT 與有形資產一樣可以進行買賣。比如，推特（Twitter）
創辦人傑克‧多西（Jack Dorsey）就將自己的首條推文，以 NFT
形式出售；老牌拍賣行佳士得，將著名數位藝術家 Beeple 的 NFT
作品《每一天：前 5,000 天》以近 6,935 萬美元拍出。獨特的交易

形式和潛在的獲利可能，提升了 NFT 的熱度，也吸引了大量入局者。2020 年，NFT 的整體市值為 3.38 億美元；而 2021 年，NFT 的整體市值已達到 127 億美元。

NFT 與元宇宙之間是相互促進的關係，NFT 能夠為元宇宙的經濟系統提供底層支援，而元宇宙可以為 NFT 的應用提供豐富的場景。根據 NFT 數據公司 Nonfungible 提供的資料，2020 年，元宇宙在 NFT 市場中的占比為 25％，銷售額達到 2,000 萬美元；而 2021 年第一季，這一數字已經超過 3,000 萬美元。

NFT 對於元宇宙的意義展現在多個方面。由於元宇宙是一個虛擬的空間，其中的任何物體（如房子）都可以轉化為 NFT 形式，而使用者在其中進行交易的物件也是 NFT。可以說，NFT 構建了元宇宙的基本交易秩序。

與現實世界類似的是，基於 NFT，元宇宙中的任何虛擬資產都是唯一的，並且可以用於交易；而與現實世界不同的是，現實中的資產有可能被偷走或冒用，而 NFT 的應用，使得元宇宙中的資產均具有明確的所有權。

不僅如此，NFT 與以往的虛擬資產也有所不同，以往的虛擬資產往往是由特定的平臺發放，使用上也會局限於發放的平臺。但 NFT 可以由用戶自行創造，而且可以跨平臺流通。

元宇宙能映射現實世界，因此，其為 NFT 提供了豐富的應用場景，能夠將 NFT 應用到教育、遊戲、藝術等不同的領域。

第 6 章

理想很美好，
但有些困境目前還無解

1.引爆全球資本市場的超級賽道

2021 年下半年以來，元宇宙的概念變得異常火爆。日本社群網路服務巨頭聚逸（GREE）宣布將發展元宇宙業務，微軟發布企業元宇宙解決方案，輝達在發布會上展示了虛擬實境的能力，臉書改名為 Meta，以聚焦元宇宙的發展。在中國，字節跳動、騰訊等企業也開始在此領域積極布局。

除了企業之外，元宇宙還吸引了很多國家政府的關注。2021 年 5 月 18 日，韓國科學技術情報通信部成立了「元宇宙聯盟」，致力於打造國家級的擴增實境平臺，向社會大眾提供虛擬服務，聯盟成員包括了現代汽車、SK 集團、LG 等兩百多家本土企業。7 月 13 日，日本經濟產業省發布《關於虛擬空間行業未來可能性與課題的調查報告》，歸納了日本虛擬空間行業發展過程中，需要解決的問題，希望能藉此在全球虛擬空間行業占據主導地位。8 月 31 日，韓國財政部發布了 2022 年的預算，計畫投入 2,000 萬美元用來開發元宇宙平臺。

元宇宙之所以會受到企業、政府部門的廣泛關注，主要原因有以下兩點：

第一，其正處於初級發展階段，無論底層技術還是應用場景都有巨大的發展空間。在這些領域，企業大有可為。在此形勢下，無論擁有多重優勢的科技巨頭，還是數位技術領域的初創企業，都開始積極在元宇宙領域布局，前者希望憑藉自身優勢在元宇宙

占據領先地位，後者希望彎道超車在元宇宙市場占有一席之地。

第二，政府布局元宇宙的重要原因，是因為這不僅是一項新興產業，還是一個全新的社會治理領域。元宇宙產業在發展過程中，可能會遇到一系列問題與挑戰，解決這些問題，保證有序發展，需要政府的參與和主導。因此，一些國家的政府開始在元宇宙領域布局，希望透過參與元宇宙構建過程，對元宇宙發展帶來的問題進行系統思考。

在技術、標準等方面做好前瞻性部署

元宇宙是一個比較複雜的系統，覆蓋了整個網路空間以及眾多硬體設備，由多類型的建設者共建，其規模超乎想像。

在技術方面，元宇宙的創建與發展，需要依賴各種先進技術，例如：XR、區塊鏈、人工智慧等，但以目前的發展水準來說，還不足以支援元宇宙從概念走向現實。元宇宙產業的發展與成熟，需要建立在扎實的基礎研究之上。

在標準方面，元宇宙的發展和網路一樣，要有統一的標準與協定來連接不同生態系統。而法律方面，元宇宙在發展過程中可能面臨一系列問題，包括平臺壟斷、稅收徵管、監管審查、數據安全等。相關部門要未雨綢繆，思考發展過程中可能產生哪些法律問題，以及如何解決，並加強數位科技領域的立法工作，在數據、演算法、交易層面即時跟進，研究與制定相關法律。

　　總而言之，在技術發展與社會需求的雙重驅動下，元宇宙的創建與發展已經成為大勢所趨，產業發展成熟只是時間問題。元宇宙拓展了現實世界的邊界，可以看作為真實世界的延伸，在開發的過程中既會帶來機遇，也會迎來挑戰。因此，無論國家還是企業，都應該要理性看待元宇宙熱潮，推動元宇宙產業健康與可持續發展。

2. 已經提前布局的玩家

　　元宇宙被視為行動網路未來的發展方向，承載了整個科技行業的未來。因此，元宇宙的發展不是一家之事。

　　在理想狀態下，元宇宙應該是一個與現實社會平行的宇宙空間，為科技企業發展提供廣闊的空間。在此形勢下，國內外的科技企業、網路公司巨頭紛紛在該領域部署。目前，在該領域探索的企業包括以下幾類：

　　· 遊戲公司：在國外，遊戲公司 Roblox 最早將元宇宙寫入公開說明書（按：發行人或受託機構在募集及發行有價證券時，依據證券法規及應行記載事項準則規定，編製法定應載事項等內容，並提供投資大眾作為參考的說明書）。憑藉元宇宙這一概念，Roblox 公司開發了一千八百多萬種遊戲，每日活躍用戶超過 3,200 萬人，市值一度超過 400 億美元，形成了極具活力的開發者生態及用戶生態，打造了成功的商業模式，證明了元宇宙的發展潛力。

　　饒舌歌手納斯小子（Lil Nas X）曾與 Roblox 合作舉辦一場虛擬演唱會。當然，其目標肯定不只如此，它的長期目標是創建一個元宇宙，將數百萬用戶與開發者聚集在一起，讓他們在其中生活、工作、學習，甚至使用統一貨幣 Robux 交易，最終形成自己的虛擬經濟。

　　除了 Roblox 外，遊戲平臺《娛樂室》於 2021 年 3 月完成新一輪融資，融資額高達 1 億美元。這家專注於 VR 社交遊戲的平臺，已經擁有一千五百多萬名用戶。4 月，Epic Games 公司融資 10 億美元，這些資金將全部用來開發元宇宙。迄今為止，這是元宇宙領域金額最高的一筆融資。

　　2021 年 3 月，中國 MetaApp 公司完成 C 輪融資（按：通常是公司最後一輪融資），融資金額達到 1 億美元，創下中國元宇宙領域單筆融資的最高紀錄。5 月 28 日，雲端遊戲技術服務商海馬雲完成新一輪融資，融資金額為 2.8 億元。

　　· 網路科技巨頭：2021 年 10 月 28 日，臉書正式改名為 Meta，從社群網路公司轉變為元宇宙公司。按照祖克柏的規畫，Meta 從以社群媒體為主的企業，轉變為元宇宙公司這一過程，大概要耗時五年。

　　微軟的首席執行長薩蒂亞·納德拉（Satya Nadella），對元宇宙也抱有極高的期待，並且也正在積極部署，聚焦基礎建設的新層次——企業 metaverse。同時，輝達也在積極打造 Omniverse，這是一個專門為虛擬協作和準備模擬事物的物理屬性打造的開放式平臺，支援創作者、設計師和工程師在共用的虛擬空間協作，支援開發者和軟體提供商在模組化平臺開發功能強大的工具，並擴展功能。

　　早在 2010 年就開始在 VR、AR 技術領域深耕的無線電通訊

技術研發公司高通，也開始布局元宇宙。在探索 VR、AR 技術的過程中，高通開發了一系列先進技術，包括針對 XR 的人體追蹤技術、環境感知技術、用戶互動技術等。未來，高通會整合這些技術，形成 VR、AR 行業整體解決方案。

在 2017 年，騰訊就開始研究 Roblox 的遊戲專案。2019 年 5 月，騰訊與 Roblox 合作，成立合資公司，共同探索「遊戲＋教育」模式，培養下一代程式設計人才、科技人才和內容創造者。

華為的遊戲業務主要聚焦企業市場，利用公有雲為遊戲企業服務，藉由雲端遊戲、遊戲引擎、AI 等技術為遊戲企業賦能。也就是說，華為並不直接開發遊戲，而是作為平臺為遊戲企業提供技術服務。在產品層面，華為搭建了 VR ／ AR Engine 3.0 版本，幫助開發者建設 VR ／ AR 生態，發布 Cyberverse 地圖技術，並利用這一項技術，開發了第一款 AR 地圖——華為河圖。

字節跳動是中國最早布局元宇宙的公司。2021 年 4 月，字節跳動向元宇宙遊戲開發商代碼乾坤投資 1 億元，支持該公司探索元宇宙。代碼乾坤的明星產品《重啟世界》與《機器磚塊》非常相似，是中國為數不多、以青少年為客群的 UGC 遊戲製作平臺。

・**創新型企業**：隨著元宇宙悄然興起，行動網路的熱度逐漸下降，多介面、全感官的人機自然互動將成為主流。人機自然互動，將說明人們擺脫物理硬體的限制以及肉體的束縛，進入人機共生時代。

2018 年，中國誕生了一家基於 AI 技術的腦機介面軟硬體平臺型科技公司——腦陸科技，被業界人士譽為「最快落實應用腦科學領域的公司之一」、「最大規模應用的非侵入式腦機介面公司」。腦陸科技的主要成就，是與北京清華大學聯合研發了通用腦機介面技術服務平臺——Open BrainUp，「旨在為腦科學技術研究與研發團隊提供基礎工具，讓大家更加聚焦於核心互動技術應用的擴展研發，從而加速推動腦機介面技術的應用和發展，加速新一代互動技術即腦機互動時代的到來。」

2021 年 8 月 11 日，以色列體三維（Volumetric 3D）影像捕捉技術平臺 Tetavi 完成新一輪融資，融資額 2,000 萬美元，致力於為元宇宙創造個性化沉浸式內容，提供體積影像軟體解決方案，搭建一個新平臺，讓全世界的用戶都能享受到高端的沉浸式內容。

2020 年，美國活動策劃平臺 AllSeated 完成新一輪融資，該公司主要利用 3D 技術創造虛擬的活動場景，為活動策劃人員提供視覺化工具，例如 2D ／ 3D-CAD 製圖、時間表以及桌面設計等，支持活動策劃人員設計活動現場的 3D 效果圖，並將參與者邀請到平臺進行統一管理。

近兩年，中國投入 VR 領域的公司都進行了融資，例如專注於開發 VR、AR、MR 等一站式解決房屋買賣服務軟體的公司睇樓科技；愛奇藝憑藉 VR 項目完成 B 輪融資；視覺空間定位技術供應商歡創科技完成 B 輪融資，融資額 8,000 萬元；專注於美妝科技的 VR 公司玩美移動完成 C 輪融資，融資額 5,000 萬美元。

在實際應用方面，半導體顯示產品解決方案及技術供應商京東方，研發出回應時間小於 5 毫秒的 VR 用面板，已經在華為 VR 領域成功應用。

創建元宇宙的過程中，人們要高度重視新技術、新應用的開發利用，合理評估其成長力與影響力。因為很多時候，選擇比努力重要。對於企業來說，選擇一個正確的發展方向更容易成功。

3. 資本、技術與社會倫理，都須重新規範

　　元宇宙產業仍然處於初級探索階段，作為一個新興產業，其既具有蓬勃的生命力和無限的發展潛力，也有一些不成熟、不穩定的特徵。目前，從現實面來看，這個產業存在很多風險：

　　· 資本泡沫：雖然仍處於雛形期，但元宇宙領域卻吸引了大量資本，這也使得整個產業熱度過高。尤其是 NFT 作為元宇宙經濟系統的底層支撐，在各方的炒作和資本的操控下，處於一種持續過熱的狀態。這些不確定性和不合理性都不利於產業走上正軌。

　　元宇宙受到大眾熱捧的同時，也激起了巨大的輿論泡沫。從產業的現實發展情況來看，相關的應用主要集中於遊戲、社交等有限的領域，而且進展較為緩慢，既沒有形成成熟的技術生態，也遠未形成成熟的內容生態，產業全覆蓋和生態體系的充分開放也僅是設想。未來，元宇宙不僅需要拓寬場景入口，還需要不斷完善技術生態和內容生態體系建設，而這個過程也是產業「去泡沫化」的過程。

　　· 壟斷張力：就對元宇宙的設想來看，其產業應該是完全開放和去中心化。但由於技術等方面的壟斷，容易導致中心化、階

級化和壟斷性的組織結構，使得整個元宇宙仍然呈現相對封閉的狀態。

　　元宇宙產業的萌芽，實際上是產業內耗所導致的結果，但提出元宇宙，並未從根本上改變產業內耗的狀況。隨著網際網路的發展，遊戲和社群領域的參與者越來越多，出於監管壓力的增加、用戶資源搶奪等方面的原因，線上遊戲和社群產業已經進入發展瓶頸期，迫切需要一個全新的概念，為行業注入活力。元宇宙概念的火熱，確實在一定程度上激發了社群和遊戲產業資本和用戶的熱情，但產業內耗問題依舊相當嚴重。

　　· **技術挑戰**：未來，VR ／ AR 將成為帶領人們進入元宇宙的重要技術，該技術可以解決元宇宙的展示問題。但目前，VR ／ AR 技術的能力有限，只能提供視覺與聽覺資訊，還無法涉及觸覺、嗅覺和味覺。想要打造一個逼真的虛擬世界，僅有視覺與聽覺是不夠的，還必須有其他感知能力，才得以增強真實感。因此，對於 VR ／ AR 技術來說，如何從視覺、聽覺拓展到其他感官領域，是亟待解決的問題。

　　此外，VR ／ AR 技術還要滿足人們向虛擬世界輸入語音、手勢、動作等資訊的要求，但目前，VR ／ AR 技術向虛擬世界輸入資訊的方式，主要是手拿感應器或者穿戴手套，大大降低了真實感。因為在現實中，人們輸入資訊不需要手持感應器等設備。雖然目前已經出現了一些姿勢識別技術等，但在應用過程中也遇到

很多問題，例如受到遮擋無法識別、視野狹窄等。

　　元宇宙的本質是一個超大型的數位應用生態，其涵蓋了眾多硬體設備，具有巨大、複雜、開放等特點，而這也使元宇宙對於算力資源和雲端運算的穩定性要求極高。

　　根據設想，使用者在元宇宙中可以自由從事多種活動，為了能讓使用者從事這些活動，就需要在其中建立完善的去中心化認證系統、經濟系統、設計系統、化身系統，並具備 XR 入口、可編輯世界、開放式任務、AI 內容生成等功能。為了維持元宇宙系統的穩定運轉，其演算法和算力應該是低成本且可持續的。

　　元宇宙對算力的高要求也是一項技術挑戰。在元宇宙創建與運行的過程中，電腦承擔的任務非常多，包括對物理世界的模擬、對場景的渲染與真實世界的人物，或者虛擬人工智慧的互動等，這些都會產生巨大的運算需求。因此，提高算力，滿足元宇宙構建與運行需求，是一個巨大的挑戰。算力越高消耗越高，進而產生高成本，這些成本最終會轉移到用戶身上，增加用戶進入的門檻。

　　· 倫理制約：由於元宇宙實質上相當於另一個世界，因此需要不斷建立倫理框架。在理想狀態下，元宇宙會像是一個烏托邦，整個空間具有極高的開放度、自由度和包容度。但是，高開放度並不意味著完全沒有底線，高自由度也並不是用戶的所有行為都不受約束。作為與現實相映射的虛擬空間，元宇宙當中的組織形態、權利結構、道德規則等都需要規範。

4. 四大風險，多數企業其實沒做準備

元宇宙雖然有非常廣闊的發展空間，但也會帶來很多挑戰，例如貨幣和支付系統風險、隱私和數據風險、沉迷風險、智慧財產權糾紛風險等。面對這些難題，人們還沒有做好準備應對。

貨幣和支付系統風險

用戶在元宇宙中的經濟行為，可能會為現實世界的經濟帶來風險，主要有兩個原因。其一，元宇宙雖然擁有獨立的經濟系統，但該經濟系統可與現實中的經濟系統有所關聯。如果用戶所操控的虛擬貨幣出現較高的價值波動，也可能導致現實世界的經濟風險。其二，作為獨立於現實世界的虛擬空間，也可能為現實世界中巨型資本的金融收割行為提供方便，而且相對而言，這些操控行為更加隱蔽，會給現實中的金融監管帶來較大的壓力。

元宇宙中的經濟活動，是借助 NFT 等虛擬財產進行。無論元宇宙還是 NFT，它們都屬於新概念，還沒有國家專門為其制定相關法律與規範。

其中，虛擬貨幣在交易過程中，要遵循嚴格的管控政策；NFT、遊戲道具等商品屬性比較強的虛擬財產，在交易過程中受

到的限制比較少，因為國家還沒有提出相關法律進行約束。目前，
NFT、遊戲道具等虛擬產品，主要透過拍賣行或二手買賣平臺進
行交易。雖然 NFT 具有虛擬貨幣的性質，但其金融風險，主要來
自炒作所引發的市場秩序混亂。為了規避這種風險，交易 NFT 和
遊戲道具時，要選擇有公信力的拍賣行或正規的二手交易平臺。

　　虛擬貨幣屬於虛擬商品，但也具備虛擬財產的特性，其可以
透過金錢作為對價轉讓、交易並產生收益的財產。需要注意的是，
買賣虛擬貨幣的過程中要防止炒作，杜絕代幣融資，避免違法的
金融活動。

隱私和數據風險

　　作為一個與現實世界相映射，又獨立於現實世界的虛擬空間，
其理想的運轉需要基於對使用者各方面資訊的採集，比如使用者
的社會關係、財產資源、行為路徑，以及在特定情境中的腦電波
等，這些數據是支撐元宇宙運轉的底層資源；另一方面，基於這
些資料，也能為使用者提供更加全面的服務。但是對於是否可以
採集個體的隱私資料、如何儲存和管理，以及怎樣避免洩露和濫
用等問題，都有待進一步探索。

　　在網際網路時代，數據資料安全與隱私保護就是一個令人頭
痛的問題，而作為網路發展的下一個階段，元宇宙中的資料量必
然更大。再加上元宇宙是一個多主體共建的虛擬空間，如何協調

主體之間的關係，如何做好資料保護、保證用戶隱私安全就是一個令人擔憂的問題。

　　元宇宙蒐集的使用者資料的種類與數量都超出想像，除了一般的個人資訊、消費支出等資料外，還會蒐集使用者的運動資料、生理數據，甚至腦電波等。為此，企業或政府在建設元宇宙的過程中，必須考慮到資料安全問題，建立相關機制保證資料安全，防止資料外洩。

沉迷風險

　　元宇宙作為虛擬世界，雖然建立的初衷是希望用戶可以在虛實之間，根據自身需要自由切換，但仍有較高的沉迷風險。如同線上遊戲一般，若過度沉迷，可能導致嚴重後果。

　　一方面，如果用戶沉迷於虛擬世界，可能加重其社交恐懼心理，影響現實生活；另一方面，由於虛擬世界與現實世界的運行規則、行為邏輯，以及價值觀念不同甚至對立，如果用戶過於沉浸在元宇宙的世界，可能會對現實生活產生強烈不滿。

智慧財產權糾紛風險

　　每個新事物的誕生，總會伴隨一系列問題，元宇宙也是如此。在內容方面，面臨的主要問題就是智慧財產權糾紛，即用戶在元

宇宙中創作的作品版權應該歸屬於誰；如果使用者在現實世界裡有一個內容的版權，而有人在未經允許的情況下，在虛擬世界使用這個內容，使用者是否可以維護自己的權利。

如果虛擬世界的用戶利用現實中的智慧財產權創作內容，這種情況應該如何判定？即便法律對這種情況做出明確界定（例如虛擬世界用戶使用真實世界的智慧財產權，必須獲得智慧財產權所有人的許可），元宇宙時代的到來也勢必會引發一系列智慧財產權糾紛。

無論在現實世界，還是虛擬空間，智慧財產權一直是困擾創作者們的難題。雖然在虛擬空間中，區塊鏈等技術的應用，能為智慧財產權的認證和追溯提供解決方案，但由於元宇宙中的創作可能由大量用戶而為，元宇宙的空間也是用戶共用空間，因此就產生了一種創作可能——多人合作創作，這種創作關係不僅有較高的隨機性，而且也有很強的不穩定性，因此需要設立比較完善的規則，以明確相關的智慧財產權問題。

此外，元宇宙用於進行創作的元素，如物品、角色、形象等，可能來自現實中的作品或物體，這種基於現實世界物件的改編應用，也會帶來大量智慧財產權糾紛，這就給一些企業和內容創作者帶來了困擾，因為他們必須想方設法保護他們的智慧財產權。例如，企業和內容創作者與元宇宙中的公司合作，定期檢查自己的內容、品牌或商標是否被竊用等。此外，元宇宙中的使用者如何使用內容提供者所提供的內容，才不會構成侵權，也是一個需

要思考的問題。

　　元宇宙中的用戶可以與其他用戶互動，如果在這個過程中產出有價值的內容，這個內容的智慧財產權應該歸屬於誰？在現實中，共同版權、共同所有權問題就已經非常複雜，進入更複雜的虛擬世界之後，這個問題只會難上加難。除此之外，虛擬世界產生的內容，能否得到現實世界的認可？虛擬世界產生的內容，想要獲得現實世界的認可需要哪些程序？這個過程涉及非常複雜的所有權認證和完整性驗證問題。

PART 3

實踐篇

第 7 章

美國企業的布局

1. 臉書，更名為 Meta 背後的野心

「為了反映我們是誰以及我們希望建立什麼，我們決定重塑我們的品牌。隨著時間的推移，我希望未來我們不再只是一個社群平臺，而是被視為一家元宇宙公司。」──馬克·祖克柏。

2021 年 10 月 28 日，臉書正式改名為 Meta，聚焦元宇宙的建設與發展，邁入一個新的發展階段。

隨著網路紅利被挖掘殆盡，網路公司巨頭想要繼續成長、發展，則必須拓展新的盈利管道，尋找第二成長曲線。臉書的更名、轉型，為網路行業開闢了一個新的發展方向，也為資本提供了一個新的投資方向。臉書的更名轉型，從側面反映出網路企業面臨的困境，在使用者增長困難的當下，抓住元宇宙這個新風口，成為了必然之舉。除此之外，對於臉書來說，率先揭起元宇宙的大旗，也有利於先一步占領用戶心智。

對於大多數人來說，他們關心的不是臉書改名事件，而是改名之後，臉書會如何調整自己的發展戰略。

All IN 元宇宙：臉書的硬體規畫

元宇宙被視為網路發展的下一個階段，受到各行各業的關注。

在所有布局元宇宙的企業中，臉書應該是最激進的一個。當然，臉書這種孤注一擲，也讓人們看到了其決心。

在祖克柏的規畫中，臉書成長為元宇宙公司需要五年時間，且可能要歷經幾個發展階段，第一個階段就是硬體設備。臉書在元宇宙硬體方面的部署，可以追溯至 2014 年，他們收購了 Oculus，這是一家致力於研發虛擬實境設備的公司。

2014 年 3 月，臉書瞄準了虛擬實境領域，並花費 20 億美元收購 VR 設備商 Oculus。在臉書的支持下，Oculus 推出了一系列廣受使用者追捧的 VR 產品；2015 年，Oculus Studios 專案廣泛撒網，向二十多個 Rift（VR 頭戴式顯示器）專有遊戲提供全額資助，Oculus VR 也進行部分小型投資，收購專注於 3D 重建和混合現實的英國初創公司 Surreal Vision。

2016 年，Oculus Studios 繼續進行投資式補給，保持一年 30 款以上 VR 內容更新。此外，Oculus 發布了集合 VR 顯示器、定位音訊和紅外線追蹤系統的 Oculus Rift CV1；2017 年年底，在 Oculus 全平臺，近 40 部作品收入超過 100 萬美元，頂級作品收入超過 1,000 萬美元；2018 年，負責 Oculus Go 中國版硬體設計，和軟體系統最佳化的小米生態鏈公司臨奇科技透露，臉書旗下的 Oculus Go 出貨量已經高達數百萬臺，且有超過 50％是之前沒有 Rift 或者 Gear VR 設備的新手使用者。

2019 年，OculusVR 平臺上內容總銷售額已經超過 1 億美元，其中 2,000 萬美元來自 Quest 生態平臺。Oculus Rift 團隊負責人奈

特·米歇爾（Nate Mitchell，目前已離開團隊）表示：2019 年，Oculus 對於內容生態的大力投入，讓這一年成為醞釀優良 VR 作品陣容的重要一年；2020 年，Oculus 發布售價為 299 美元的 Oculus Quest 2，該產品以流暢的畫質，以及非常輕微的眩暈感為賣點，獲得消費者好評，進而朝著消費者市場攻進。

在臉書的幫助下，Oculus 在 VR 設備市場的市占率遠超其他公司。在市場調查公司 Counterpoint Research 發布的「2021 第一季全球 VR 設備品牌市占率」排行榜上，Oculus VR 以 75％的絕對優勢名列第一，遠超第二名的大朋 VR（6％）和第三名的索尼 VR（5％）。

臉書更名為 Meta 之後，VR 顯示器產品線也將隨之調整，Oculus App 更名為 Meta Quest；Facebook Portal 影像設備也將更名為 Meta Portal。除了 VR 顯示器之外，臉書還與雷朋（RAYBAN）合作研發了 Ray-Ban Stories 智慧型眼鏡。這款眼鏡採用觸控方式操作，搭載雙 500 萬像素攝影鏡頭、內置揚聲器和麥克風，功能非常強大，包括拍照、攝影、聽音樂、語音通話等，是臉書在元宇宙硬體領域的一個重要進展。

打造內容生態，聚焦遊戲＋社交

硬體設備是建構元宇宙的基礎，決定了使用者數量，內容則是吸引用戶參與的關鍵。在內容層面，臉書規畫了兩個著眼點，

分別是 VR 遊戲與社交體驗。

其中，臉書將把已經發展得比較成熟的 VR 遊戲放在第一位。在未來很長一段時間，VR 遊戲都將在臉書的業務體系中占據重要位置。為了填補遊戲內容的空白，臉書將採用投資收購的方式，引進更多新內容。

2017 年，臉書投資倫敦 360 度影像，與 VR 內容製作平臺 Blend Media，臉書可藉由訪問 Blend Media 的高級內容資料庫，推動平臺上 360 度影像數量的增長。2019 年，臉書收購 VR 遊戲《節奏光劍》開發商 Beat Games，根據 2019 年索尼公布的 10 月 PSN（PlayStation Network）美服銷量榜，《節奏光劍》在 PSVR 銷量榜單中居首位。同年，臉書繼續收購雲端遊戲公司 Play Giga，此次收購擴大了其在全球範圍內 VR 遊戲產業的影響力。

2020 年，臉書繼續在遊戲上加碼押注，它收購美國影像遊戲開發公司 Sanzaru Games，與美國電子遊戲開發商 Ready At Dawn。此次收購使得臉書在構建 VR 遊戲生態體系方面獲得更大的助力。2021 年，臉書收購遊戲《Onward》開發商 Downpour Interactive，和大逃殺遊戲《Population：One》開發商 BigBox，進一步拓展在 VR 遊戲領域的部署。

臉書也在社交體驗方面做了很多嘗試，例如以社交平臺為基礎拓展娛樂內容。臉書主站中的新聞版塊支援使用者透過 VR 硬體設備，觀看 3D 全景影像；而在 Messenger，預計到 2023 年，用戶可以借助 Quest 設備，與 Messenger 好友聊天互動。此外，

2021 年 8 月，臉書推出遠端辦公應用軟體 Horizon，支援使用者借助 VR 設備召開虛擬實境會議。

雖然臉書在元宇宙內容方面做了很多努力，但僅憑遊戲與社交，無法打造一個完整的內容生態體系。元宇宙作為一個產品，想要實現推廣應用，必須讓每個人沉浸其中，這需要仰賴一個更完整、更豐富的內容生態體系才能實現。

人們對元宇宙有許多設想，真正能落實的僅占很小一部分。對於臉書來說，要增強人對元宇宙的體驗感，讓人與元宇宙互動，還有很多問題需要解決。

臉書想要成為一家元宇宙公司，打造屬於自己的元宇宙帝國，更名只是一個開始。當然，在更名的同時，臉書也更新了自己的商標，無窮的符號就像莫比烏斯帶，告訴人們也警示自己：探索元宇宙的道路沒有終點，唯有持之以恆、不懈探索。

2. 輝達，創造 21 個版本的 虛擬執行長

2021 年 4 月，在「全球頂尖人工智慧開發人員大會 GTC 2021」上，輝達創始人兼首席執行長黃仁勳，穿著標誌性的皮夾克，在自家廚房舉辦了一場網路發布會。在這場直播中，黃仁勳需要從家中各個角落找到需要發布的產品並介紹。1 小時 48 分之後，直播結束，發布會圓滿成功，這場會議看起來與其他直播沒有什麼不同，但在這場會議中，黃仁勳有 14 秒是虛擬出來的。

2021 年 8 月 11 日，在電腦圖學與互動技術頂級年度會議「SIGGRAPH 2021」活動中，輝達透過一部紀錄片揭露了這一項祕密。除了虛擬黃仁勳外，他們還還原了整個廚房。為了這 14 秒，輝達動用了 34 位 3D 設計師和 15 位軟體工程師，他們從各個角度對黃仁勳和他身上所穿的皮衣拍照，共拍了幾千張，利用資料探勘以及模擬建模、光線追蹤技術（RTX）和 GPU 圖像渲染等，完成了黃仁勳的數位模型，然後利用 AI 模型處理皮膚細節，讓虛擬老黃看起來更逼真。

這些設計師和工程師一共構建了 21 個版本的黃仁勳，從中選擇了最像的一個，最終達到以假亂真的效果，而且隱瞞外界三個多月。如果不是輝達主動揭示，恐怕直到現在也不會有人發現。

輝達投入巨大人力、物力打造虛擬黃仁勳，讓其出現在發

布會上，並在三個多月後揭祕的主要目的，就是展示 Omniverse RTX 渲染器，也就是 3D 擬真模擬和協作平臺，向外界證明該平臺強大的擬真模擬能力，告訴大家利用這個工具，可以模擬出一個逼真的虛擬世界。

Omniverse 平臺，輕鬆設計 3D 場景

在 SIGGRAPH 2021 會議上，輝達具體介紹了 Omniverse 基礎建模和協作平臺，並表示將利用這項技術發展元宇宙。

作為 GPU（Graphics Processing Unit，圖形處理器）的發明者，經過幾十年的發展，輝達的業務範圍已大幅拓展，不僅有 GPU 的硬體支援，而且結合硬體、軟體、雲端運算等各項能力，打造了一個功能更強大的開源圖像處理平臺 Omniverse，可以兼容其他廠商的各種渲染工具。在 Omniverse 平臺的支援下，圖像技術開發者可以即時模擬出一個更逼真的虛擬世界，建築師、動畫師、研發自動駕駛的汽車工程師，都可以利用這個平臺，像編輯文件一樣，設計和修改 3D 虛擬場景，非常方便。

這一點正好契合元宇宙去中心化、支援使用者自行創造的特徵，也是輝達在元宇宙的重要一步。輝達設計 Omniverse 平臺的目的是打造一個元宇宙，因此賦予了該平臺開源、兼容的特性。借助 Omniverse，人們可以創建 3D 模型、開發遊戲場景，也可以設計產品、發展科學研究等。

目前，Omniverse 已獲得眾多軟體公司的支持，包括 Adobe、歐特克（Autodesk）、賓特利系統（Bentley Systems）、Robert McNeel & Associates 和 SideFX 等，用戶數量超過 5 萬人。未來，輝達將進一步向企業用戶開放該平臺的許可權。

耗費 86 年的實驗，在這只要幾天就有結果

很多公司提出的元宇宙計畫都主打釋放想像力、打破時空規律，輝達的 Omniverse 卻並非如此，這個平臺對工業、商業、製造業未來的發展，有著很重要意義。

一些公司立足於娛樂、藝術等行業所建立的元宇宙，需要以打破現實主義為噱頭吸引用戶加入。以虛擬時尚單品為例，這些產品的造型大多比較誇張，可以實現無風自動、隨時變色等，最大程度的展現個人風格，這是這些產品獨特價值的展現，也是產品吸引使用者的關鍵。

但對於輝達來說，作為全球圖形處理技術的領袖，完全可以憑藉處理器、引擎、性能等方面的優勢，創造一個與現實世界非常相似的元宇宙，這種能模擬物理世界規律的能力，正是輝達最值得驕傲的資本，也是輝達搭建 Omniverse 平臺、創建元宇宙的立足點。

Omniverse 基於通用場景描述（Universal Scene Description，簡稱 USD）打造可以實現即時擬真與數位協作的雲端平臺，擁有

高逼真模擬物理引擎及高性能渲染力,支援用戶開發共同線上的創作和互動,而且創作結果可以與現實世界相對應。也就是說,用戶透過 Omniverse 平臺創作出來的產品或者應用,在現實生活中也可以使用。

雖然從表面上來看,Omniverse 平臺是將現實實驗室搬到了線上,其實不僅如此。其打破了時間、空間以及成本的束縛,讓很多現實生活中無法完成的任務,變得簡單易行。

因為人的生命有限,地球上的資源也有限,很多實驗可能永遠無法得到結果。以瀝青滴漏實驗為例,其目的是向學生證明世界上的物質並不像表面看上去那麼簡單,就好像瀝青一樣,表面看上去是固體,但其實是一種液體。

為了證明這一點,實驗人員將瀝青放在漏斗中,讓其在室溫下滴落,並拍攝滴落畫面。這個實驗看起來簡單,卻持續了 86 年,從 1927 年到 2013 年,由澳洲的昆士蘭大學(The University of Queensland)開始,最終在都柏林聖三一學院(Trinity College Dublin)結束。但如果透過 Omniverse 平臺做這項實驗,只需要調整時間流逝的參數,就可以很快得到結果。

在元宇宙中,物理世界的時間、空間、速度、力學等都可以變成可調整的參數,這就為各種實驗帶來了便利。在這個環境中,人類可以探索各種可能,然後利用探索結果改造現實世界,創造更美好的生活。如果這一設想能夠實現,元宇宙將對人類社會的發展帶來深遠影響。

3. 疫情之後，微軟改變了工作模式

2021 年 5 月，微軟執行長薩蒂亞·納德拉（Satya Nadella）在描述 Azure（按：是微軟所打造的一個公有雲端服務平臺）產品線的未來願景中，提出了「企業元宇宙」的概念。

企業元宇宙的構建，需要打通研發、製造、合作、經銷、展示、終端、客戶回饋等環節，這是實現高品質、高效閉環迭代的關鍵。

技術創新與生產力變革

隨著技術迭代速度不斷加快，人們的工作方式、生活模式也發生了較大改變。如果對這些改變歸納總結，可以發現它們有一個共同點——靈活，具有流動性。接下來我們將具體分析，新技術影響下工作模式的變化。

· **協作應用正在崛起**：協作應用可以打破通訊、業務流程與協作之間的障礙，促使它們融合在一起，形成一個統一的工作流程。基於協作應用的這一功能，薩蒂亞·納德拉給予這類應用程式高度肯定，認為它們在今天的辦公環境中，扮演著越來越重要

的角色。

例如，微軟將 Teams（按：一種通訊和協同運作軟體）和 Microsoft Dynamics 365 整合在一起，團隊成員可以更便捷的溝通，整個協作過程變得更流暢。Microsoft Power Platform 可以借助「一個驚人的強化電路」與企業自己研發的應用程式連接。除此之外，Adobe 和美國軟體公司 ServiceNow 等獨立軟體發展商，也在建構協作應用，試圖為用戶提供更多元化的服務。

· **混合工作的重要性**：微軟研究發現，大多數員工都希望可以透過多元化的方式遠距工作，同時也希望有更多的機會當面合作，這種遠距工作結合當面工作的工作模式，就是混合工作。納德拉認為，突發的新冠肺炎疫情在一定程度上，改變了人們朝九晚五的工作習慣。

在疫情期間，為了保證員工的健康與安全，微軟允許一部分員工在家遠距辦公。在這個過程中，很多員工發現自己喜歡上了這種工作模式，並希望在疫情結束後依然能保持。但很多工作需要溝通才能完成，這就需要一種新的工作方式，既可以遠端辦公，也可以當面交談，不需要來回切換；或者採用混合工作方式，一些會議可以親自參與，一些會議可用遠端參加。未來，這些工具將在工作過程中發揮重要作用。

．**涵義更加廣泛的生產力**：隨著工作地點的改變，將擴大生產力的內涵。新冠肺炎疫情帶來了一些變化，例如打破工作日的限制，改變朝九晚五的工作習慣，管理者不再關注打卡時間而是完成任務等。

在面對不斷上升的工作壓力、公共衛生問題等情況下，公司得要允許這種變化的存在。為此，薩蒂亞‧納德拉認為，企業管理者不僅要注重培養員工的職涯發展與能力提升，還要關注員工的身心健康，比如提供員工自由寬鬆的學習環境、優化員工福利政策等，激發員工的潛能。擴大生產力範圍，為公司創造力的提升與業績的持續增長，提供了更好的條件。

基於數位分身的基礎設施

隨著物理世界與數位世界的融合成為不可逆轉的趨勢，企業元宇宙將成為企業必備的基礎設施，從設計、製造、經銷、客戶回饋等環節，使企業的生產活動發生巨大變革。

．**設計階段**：企業元宇宙可以將平面設計圖以 3D 的形態呈現出來，利用視覺化的方式檢驗產品設計、規畫等環節，對產品全生命週期的製造過程進行最佳化，大幅縮短產品開模打樣的時間、產品生產決策的時間，以及產品試製週期，為產品製造工藝不穩定問題，提供有效的解決方案。

‧**製造階段**：企業元宇宙可以讓生產、研發、交流、製造等過程實現虛實共生，為生產過程中現場操作人員、異地指導人員、培訓人員創建一個虛擬化身，讓他們的虛擬化身在三維虛擬空間活動，進行統一管理。這個三維虛擬空間可以是產品展廳、研發實驗室，也可以是會議室、咖啡廳等，滿足這些人員在同一個空間工作的需求。在新冠肺炎疫情的影響下，這種需求更加強烈。

‧**經銷階段**：企業元宇宙會從售前展示、使用中說明、故障售後服務三個維度發揮作用。在售前展示階段，企業可以利用 3D 模型展示產品，還可以輔之以動態 UI（使用者介面設計）、語音講解，讓售前展示更生動、更吸引人；在產品使用過程中，紙質說明書將被直觀方便、高沉浸感、高產品連接的虛擬空間所取代，支援使用者直接觀看產品使用方法、注意事項等；在售後維修階段，企業的售後維修人員可以遠端檢查產品，判斷故障類型以及能否維修，然後制定售後方案，讓過程變得更便捷、有效。

‧**終端及客戶回饋階段**：在元宇宙模式下，使用者購買產品後，在獲得實體產品的同時，還會獲得一個一模一樣的數位分身產品。使用者在使用產品的過程中，產生的各種資訊，以及對產品的回饋意見，都可以透過這個數位分身模型回饋給企業。如果用戶的意見很有參考價值，用戶可能會得到按智慧型合約即時分配的數位資產獎勵。

構成企業元宇宙的兩個關鍵點

企業元宇宙，是以全面數位化為基礎形成的，借助沉浸式溝通與 AI 賦能，這一應用有可能推動人類文明邁向一個新階段。

根據微軟的研究，企業元宇宙的構建有兩個關鍵點：第一，企業元宇宙構建的基礎設施必須完善，這裡的基礎設施包括優秀的 3D 引擎、操作簡單的 UGC 編輯器、操作難度較大的 PUGC 編輯器、資源豐富的數位資產素材庫。

優秀的 3D 引擎的主要功能，是開發 3D 虛擬社交系統、經濟系統和分成系統，系統可以接入內容、應用市場、3D 城市廣場等核心功能，形成豐富的內容產出生態，與傳統內容互動，最後利用植入各種互動形式，帶給用戶多元化、深層次的體驗。

第二，借助虛擬實境平臺，升級傳統商業模式和商業邏輯。例如教育、旅遊等，商業模式比較成熟的傳統行業可以直接導入並深度開發，最終完成網路化升級。

4. Unity Software，搭建完整的 XR 生態

　　Unity Software（以下簡稱 Unity）是一家 3D 遊戲引擎平臺公司，其業務範圍涵蓋了全球 94％的遊戲開發工作室。在元宇宙背景下，該公司的主要業務將轉變為，幫助企業建立可以在元宇宙中生存。

　　目前，Unity 已經為香港國際機場搭建了一個數位化模型，這個模型可以正常運轉，支援即時互動。相較於其他公司來說，Unity 的優勢主要在於強大的模擬能力，可以渲染一個不真實的環境，並對突發及緊急狀況下，例如火災、洪水、停電、跑道堵塞等狀況下的人流，進行真實的壓力測試。正是基於這一項優勢，Unity 才會被邀請來為香港國際機場搭建模型。

　　除此之外，Unity 的模擬能力還被應用到其他領域，像是工業、電影行業、汽車行業等。模擬引擎用於汽車設計與生產，然後同樣的軟體會被應用到最終產品中。

完整的 XR 生態體系

　　目前，中國正在不斷完善 XR 領域的內容生態體系。高通與中華電信聯合多家 XR 產業鏈企業，舉辦「2021 Qualcomm XR 創

新應用挑戰賽」，其目的就在於整合軟硬體廠商、開發者生態體系以及管道發行等資源，鼓勵開發者探索更豐富、更優質的內容，打造更高效的 XR 內容設計流程，推動 XR 產業快速發展。

XR 生態體系可以從兩個維度來理解，從橫向上看主要包括 VR、AR、MR，從縱向上看主要包括底層的晶片、開發平臺、工具鏈、應用平臺、VR 硬體、終端使用者。其中，晶片、頭戴式顯示器、定位技術又存在於各自的閉環生態中。總體來看，一個完整的 XR 產業背後，必定有一個複雜的生態鏈支撐。

Unity 主要透過兩種方式幫助平臺開發：一種是原生支援，因為該公司有很多官方合作夥伴，例如 Oculus、Windows Mixed Reality、Pico 等。開發者使用 Unity 編輯器開發這些平臺時，可以直接導入相關的開發元件、SDK，直接進行開發、偵錯並完成輸出；另一種是 Unity 為客戶提供開放的應用程式介面（Application Programming Interface，簡稱 API），例如影創、HTC Vive 等，支援使用者利用這些介面登入 Unity，吸引其他開發者加入平臺，參與遊戲或者應用程式的開發。

Unity 可以做什麼

作為一家技術公司，Unity 的主要業務是開發基礎技術，而不是開發應用程式。因此，Unity 非常關注如何引領技術發展，如何撐起大規模運算，如何為建築、工業、影視、遊戲等領域的用戶，

創建更好的開發環境等問題。

富豪汽車（Volvo）利用 Unity 的即時 3D 技術，在整車開發與行銷環節引入互動式虛擬體驗，有效縮短了車輛設計週期，提高汽車銷量。此外，富豪汽車還利用 Unity 構建的 XR 生態環境，覆蓋了汽車從生產、銷售到售後的整個生命週期，為人員培訓提供了強有力的支援與輔助。

2021 年 3 月，Unity 收購了 VisualLive，這是一家為建築、工程和施工行業，提供擴增實境解決方案的供應商。VisualLive 的核心優勢在於，可以將 BIM 檔生成的 AR 應用程式導入 HoloLens，按照 1：1 比例創建設計模型。目前，VisualLive 已經被一千五百多家建築公司導入，用於設計審查、專案協調、施工規畫、工程質檢／品質控管、施工檢驗、實地巡查、設施管理等各個環節。

除此之外，Unity 還有很多應用場景。來自德國的新創公司 Holoride 基於 Unity 引擎，推出 Holoride Elastic SDK，這款應用程式可以提供開發者用於開發沉浸式車載 VR 內容的工具。基於 Unity 製作的《憤怒鳥》（*Angry Birds*）AR 版，可以為玩家提供第一人稱彈弓，將遊戲中的建築、角色和物體投射到現實世界，與實際環境疊加，讓用戶享受到沉浸式射擊體驗。VR 設計公司 Magnopus 利用 Unity 技術開發的《可可夜總會》（*Coco Sing-Along*）VR 版，可以讓用戶體驗一段冒險之旅。為保證遊戲中的畫面、場景以及人物能真實的還原原作，Magnopus 在製作過程中，利用 Unity 創作了自訂工具。

　　2020 年，Unity 推出了智慧化 AR 創作工具 MARS，它可以用來創建與現實世界完全融合的智慧化混合實境，並增強現實體驗。MARS 的手機 AI 伴侶 App，為蘋果公司的捕捉對象（Object Capture）技術及開發，提供了支援。MARS 的誕生時間雖然短，但已經被多家公司引進，包括甘迺迪圖書館、日產汽車（Nissan）、樂高（LEGO）和美國最大家具電商 Wayfair 等，用來創作互動式 AR 應用。未來，MARS 的功能將進一步豐富，應用範圍也將逐步擴大。

5. Decentraland，虛擬領地的探索者

全球金融服務公司 BTIG 分析師馬克・帕爾默（Mark Palmer）曾強調，Decentraland 便是可能受益於元宇宙的一個例子。

2017 年，Decentraland 創立，其定位為一個由區塊鏈驅動的虛擬現實平臺，也是第一個完全去中心化、由使用者所擁有的虛擬世界。

在 Decentraland 中，用戶可以創建自己的虛擬形象、瀏覽各類內容、探索各種活動，以及與其他使用者互動。可以說類似於沙盒遊戲《當個創世神》的升級版。

在 Decentraland，所有虛擬土地都需要購買，擁有者可以在土地上建造房屋，用戶可以看到蘇富比拍賣行（Sotheby's）、國盛證券、豪華的瑪莎拉蒂（Maserati）展廳，以及「麻雀雖小、五臟俱全」的小鎮，可以逛街購物、叫外送等。在這個場景中，用戶可以真正做到「足不出戶，周遊世界」。在擴增虛擬實境的支援下，該平臺滿足了人們對虛擬世界，與現實世界交融的各種想像。作為一個完全去中心化的虛擬世界，Decentraland 的進化過程如下：

1. 青銅時代：

青銅時代是 Decentraland 的初級版本，已經具有一些基本虛擬

世界所需的功能，比如 3D 建模等，但細節不夠豐富；而且，還未推出自己的代幣，使用者需要使用比特幣進行空間內的交易。

2. 鐵器時代：

在初級版本發布兩年後，Decentraland 推出了自己的升級版。在新的版本中，使用者可以參觀其中的建築、參與建築中舉辦的活動，透過活動觸發隱藏功能（比如獲得收藏品等），而且可以根據需求，以文字或語音形式與其他使用者對話。此外，用戶還可以搭建建築物，用於銷售或在市場中購買裝備等。

與之前的版本相比，升級版本已經能支援點對點通訊、擁有快速支付系統和自己的代幣（MANA），使用戶能獲得更加完善的社會體驗。不過，目前 Decentraland 仍處於初級打造階段，需要技術人員以及參與使用者共同推動其進步。而且，隨著可穿戴智慧型設備的推廣，Decentraland 的理念和技術也會逐漸升級，創造出更加美好的虛擬世界。

土地：Decentraland 中的價值載體

Decentraland 中使用的代幣為 MANA，其採用的是 ERC-20 格式。用戶藉由 MANA 能夠購買土地（LAND）商品或服務等。其中，土地是 Decentraland 中最重要的資產，也是用戶進行一切

創作的價值載體。

如同在現實生活中，所有建築物都需要依存於土地一樣，土地是 Decentraland 內的 3D 虛擬空間，可以被分割成地塊（Parcel），並使用笛卡兒座標（x, y）區分。因此，每塊土地都包含有座標、所有者等資訊，其價值也會受人口密度、商業密度等因素影響。土地除了其經濟價值外，還有生態價值、文化價值、社會價值等。

由此可見，在 Decentraland 所構築的虛擬世界中，也具有跟現實世界類似的房地產概念。尤其是地理位置，會在很大程度上影響一塊土地的價值。如果一塊土地比較靠近中央廣場或者街道，那麼其用戶流量往往更大，而這也意味著這塊土地的所有者，更容易透過販售商品或服務而獲利。

除了地理位置外，內容對土地的影響力也不容小覷。比如在現實生活中，往往風景優美或建築奇特的地方會吸引大量的遊客，而人流量的增加則會帶動周邊的經濟發展，進而使得該區域的經濟價值提升。在虛擬世界中也是如此，優質的內容會吸引大量的使用者，從而提高該地塊以及附近地塊的估值。

優質的內容可以是建築物本身，也可以是建築中的設施或展覽物等。比如 Decentrland 中建造的虛擬博物館，能滿足博物館愛好者的需求，用戶即使足不出戶，也能近距離接觸心儀的名作。這不僅對現實世界中，經濟條件較差的創作者而言，是一個巨大福利之外，也能大幅提升 NFT 的價值。由此形成的正回饋效應，能夠促進 Decentrland 等虛擬空間的良性發展，使得用戶更有動力創

作具有價值的內容。

值得一提的是，在 Decentraland 中土地是緊密相連的，新的地塊不能脫離已有的地塊而存在，這種地塊之間的聯繫，有利於創作者打造相關性商業系統。而從用戶的角度來看，地塊的緊密有序也有利於其對未知世界的探索。所以，Decentraland 中地理位置優越和擁有優質內容的土地，將有更大的商業潛力和爆發力。

MANA：Decentraland 中的通用貨幣

從代幣機制來看，Decentraland 的 MANA 代幣可以用於空間內的所有交易，比如使用者進行活動所需要的姓名、服飾、形象以及土地、物品等的交易，此外，使用者參與各種娛樂活動或購買數位音樂、數位展品等，也需要借助於 MANA 代幣來完成。

完善的代幣機制為 Decentraland 的發展，提供了一定的原動力。當用戶數量越多時，對 MANA 的需求量會越大，也就意味著 Decentraland 的生態越繁榮。與傳統的貨幣流通不同的是，MANA 每年都有固定的供應量上限。因此，雖然 MANA 的總數量會不斷增加，但通貨膨脹率反而會隨著時間的推移而下降。在 Decentraland 的產值增長速度超過 MANA 供應速度時，MANA 的價值就會提升。

第 8 章

中國企業的布局

1. 騰訊， 建構遊戲＋社交＋內容

2020 年底，騰訊創辦人之一馬化騰，曾在年度特刊《三觀》中寫道：「現在，一個令人興奮的機會正在到來，移動互聯網（行動網路）十年發展，即將迎來下一波升級，我們稱之為『全真互聯網』（全真網路）……虛擬世界和真實世界的大門已經打開，無論是從虛到實，還是由實入虛，都在致力於幫助用戶實現更真實的體驗。」馬化騰還強調，全真互聯網是騰訊下一場必須打贏的戰役。

投資 Roblox 與 Epic Game 元宇宙平臺

作為中國最大的遊戲公司，騰訊在元宇宙領域的重要布局之一，就是遊戲平臺。

2020 年，沙盒遊戲平臺《機器磚塊》持續被資本方看好，並獲得了 1.5 億美元的 G 輪投資，其投資者之一就是騰訊。而在此前的 2019 年 5 月 29 日，騰訊以及 Roblox 共同宣布推出《機器磚塊》的中國版本——《羅布樂思》。不僅如此，雙方還共同成立同名合資公司，由騰訊負責其中國地區的運營。

2021 年 7 月 13 日，《羅布樂思》正式全平臺開放。與海外版《機器磚塊》相比，中國版本《羅布樂思》仍然具有其經典的

功能，比如，開發者不僅能夠獲得平臺給予的補助資金、獎金激勵以及比賽機會，還可以透過開發者論壇和線上教程等平臺得到幫助。

除了與 Roblox 合作以外，騰訊還投資了 Epic Games，它是近十年來最負盛名的遊戲製作團隊之一，推出過《狂彈風暴》（*Bulletstorm*）、《要塞英雄》等廣受業界好評的作品，近幾年更是在元宇宙領域大量的探索。

構建「遊戲＋社交＋內容」元宇宙

2021 年 4 月 15 日，騰訊 PCG 迎來了自 2018 年 9 月成立以來最大的一次組織調整，調整重點為內容業務線。調整後，騰訊視頻與短影片平臺微視，共同組建隸屬於平臺與內容事業群（PCG）的線上視頻 BU（On-line Video Business Unit）；應用寶與騰訊視頻之下的遊戲影音，則組建成全新的業務部門，承擔騰訊內遊戲產品的分發業務。

雖然此次調整並未直接涉及元宇宙相關內容，但從騰訊副總裁、互動娛樂事業群（IEG）天美工作室群總裁姚曉光，兼任 PCG 社交平臺業務負責人的決定中不難看出，騰訊此前在遊戲領域所累積的電腦圖形技術和能力，在未來將可能應用於社交和影片領域。不僅如此，2021 年 9 月，騰訊連續申請註冊了魔方元宇宙、和平元宇宙、精英元宇宙等商標，加上此前申請的 QQ 元宇

宙、飛車元宇宙等商標，騰訊申請的元宇宙商標數量累計已經超過 20 個。

另外，根據科技創新情報，軟體即服務（SaaS）業者智慧芽（PatSnap）所提供的資料，騰訊公開申請的元宇宙相關的專利數量已經超過 24,000 件，其中發明專利占 99.74％。這些專利主要涵蓋虛擬場景、影像處理、人工智慧、區塊鏈等領域，涉及的國家或地區達到 126 個。

除了不斷投資收購企業，騰訊也在積極利用閱文和騰訊視頻等自身業務，打造 IP 元宇宙，進一步進行「遊戲＋社交＋內容」的布局。可以說，目前騰訊已初步構建起元宇宙的基礎生態體系，希望從遊戲、社交等方面切入，朝著他們自己所提出的全真網路時代前進，成為元宇宙戰略探索中不可或缺的重要力量。

騰訊憑藉 QQ、微信等社交平臺影響力，透過內部孵化、外部投資兩種方式，在網路文學、動漫、線上音樂、影視製作、影片平臺、網路遊戲等領域積極布局，形成了泛娛樂產業鏈，覆蓋了全方位的內容供給與持續的內容衍生，具備了構建元宇宙的內容基礎。

騰訊的泛文娛產業鏈有三大主線，分別是遊戲、影視和音樂，具體分析如下。

在遊戲領域，騰訊將閱文、IEG、鬥魚／虎牙串聯在一起，與社交聯動，形成了面向 Z 世代（一般指 1995 至 2009 年間出生的一代）的互動娛樂社區。

在影視領域，騰訊將閱文、企鵝影視、騰訊視頻、貓眼、短視頻等應用程式串連在一起，不僅提高了 IP 運營效率，還豐富了騰訊的內容生態體系。

在音樂領域，騰訊將閱文、騰訊視頻、騰訊遊戲、TME（Tencent Music Entertainment Group，騰訊音樂）相連接，與社交聯動，不斷提升 TME 上游版權業務的話語權，拓展變現管道，提升變現能力。

推出中國首個 NFT 交易平臺

2021 年 8 月 2 日，騰訊旗下的 NFT 交易軟體「幻核」正式上線。

根據平臺目前的設定，其推出的 NFT 由官網主導 IP 授權與官方制作，任何第三方皆無權在平臺發布 NFT。幻核首期發售的內容為 300 枚「有聲《十三邀》數位藝術收藏品 NFT」，其中包含李安、陳嘉映、李誕等 13 個人物的語錄。使用者在購買 NFT 作品之前，可以進行互動體驗，購買後則能夠擁有專屬鏤刻權。

作為一種唯一性的加密貨幣權杖，NFT 可以應用於圖像、音訊、影片等形式的數位資產，而且任何數位資產在經過 NFT 手段加密後，都會獲得一張獨一無二的數位憑證，並且在區塊鏈技術的支援下，不會被複製或篡改，能夠永久儲存。

不僅如此，由於擁有 NFT 技術方面的優勢，騰訊旗下的音樂

平臺，也首開中國數位收藏品 NFT 發行先河。2021 年 8 月 15 日，
中國歌手胡彥斌的《和尚》20 周年紀念黑膠 NFT 在 QQ 音樂平臺
正式發行，首批 TME 數位收藏品 2,001 張限量數位黑膠被預訂後
迅速搶空。

2. 百度，VR 2.0 產業化平臺

2021 年 10 月 19、20 日，世界 VR 產業大會雲峰會於江西南昌舉行，大會發布了中國 VR 50 強企業、VR ／ AR 年度創新獎，以及虛擬實境產業發展研究報告、白皮書等。

與前一年相比，參與 2021 年世界 VR 產業大會雲峰會的企業增加了 36.7％，其中既包括百度、華為等網際網路龍頭企業，也包括微軟、輝達等元宇宙概念領頭企業。

在這次峰會上，百度不僅被評為 2021 中國 VR 50 強企業，還展示了其全新升級的百度 VR 2.0 產業化平臺，以及基於百度大腦 DuMix AR 在 AI 智慧化技術領域的突破，而推動的 VR 全新應用。對於元宇宙而言，VR、AI 是其重要的基礎設施和承載者，能夠為元宇宙產業的發展帶來無限可能。

百度 VR 2.0 產業化平臺

百度 VR 2.0 產業化平臺的建立，離不開其強大的 AI 實力。從平臺的整體構造來看，VR 2.0 產業化平臺以百度大腦為依託，由百度地圖能力、智慧視覺技術、自然語言處理技術、知識圖譜、百度智慧語言技術等共同提供技術支援。具體而言，VR 2.0 產業化平臺架構包括技術、業務和產業三個層面，如右頁表 8-1 所示。

表 8-1　百度 VR 2.0 產業化平臺架構

平臺架構	具體內容
技術層	主要包括素材理解、內容生產以及感知互動三個技術中臺；在低延遲 VR 點直播、VR 內容消化、三維資訊重建、多人互動及 VR 開發者套件等方面，累積豐富的經驗。
平臺層	由 VR 內容平臺和 VR 互動平臺組成，其中 VR 內容平臺主要包括素材採集、編輯管理、內容分發和採集設備／素材／統一協定，而 VR 互動平臺則包括元宇宙場景、虛擬化身、多人互動、VR 頭戴顯示器／社交網路等。
產業層	百度 VR 2.0 產業化平臺能夠為教育、行銷以及工業等產業場景，提供 VR 解決方案。

AI 賦能下的元宇宙場景創新

2021 年 8 月 18 日，在線上召開「AI 這時代星辰大海──百度世界 2021」大會，以生動的形式，展示了百度人工智慧在出行、生活、產業、自主創新科技等領域的最新成果和應用。

不僅如此，此次大會上，百度還向大眾呈現了一種全新的會展形式──VR 雲會展。參與者在佩戴指定的 VR 設備之後，便能夠以虛擬形象進入會議的虛擬空間中，並且透過動作、語言互動，不僅大大提高了會展的效率，也改善了人們線上參會的體驗。

・**智慧教育場景**：教育不僅是元宇宙重要的應用領域之一，

而且能為元宇宙產業提供不同的應用場景，比如安全教育、K12教育（自幼稚園起至十二年級，涵蓋幼稚園、小學與中學教育的統稱）等。其中，電力模擬培訓等領域，憑藉其特殊性，已經進入元宇宙的應用實踐範疇。

百度VR教育能夠提供基於VR技術的K12教室、大學實驗室、人才培養、AI智慧教室等解決方案，幫助教育數位化升級。比如，在VR大學實驗室解決方案中，可以高度還原真實場景的視覺效果和物理特性，從而提升教育的品質；在VR人才培養解決方案中，能夠基於產品所具有的大數據分析能力和人機智慧引導功能，精準分析師資培訓等結果。

由於擁有高性能軟硬一體化解決方案、豐富優質的專業內容、專業全面的教學報表功能，並融合百度AI語音演算法和VR技術能力等優勢，百度VR教育解決方案的「實訓＋VR」已經投入應用，真正以技術革新提升教育品質。

・**智慧行銷場景**：VR行銷購物一站式解決方案，能夠提供包括VR內容採集、編輯、雲端儲存、沉浸式展示等內容的一站式行銷解決方案，滿足景區旅遊、文娛博覽等行業的行銷需求。

與以往的行銷方案相比，其優勢主要表現在三個方面：

其一，一站式SaaS化服務，能夠支援一鍵上傳及發布內容，並實現VR內容的高效批量化生產；其二，基於全系列VR拍攝硬體支援，可以快速拍攝及製作不同規則和類型商品的VR內容；

其三，商品動態多維展示，不僅能夠完美還原商品的細節，而且結合 VR 技術可以實現精細運營、分層行銷。

3.阿里巴巴，達摩院 XR 實驗室

2021 年 10 月 19 至 22 日，在杭州雲棲小鎮舉行主題為「前沿、探索、想像力」的雲棲大會，包括院士、行業領軍人物在內，上千位嘉賓參加了此次會議，會議涵蓋了十大技術板塊和 21 大行業，包含從前沿技術突破、基礎產品創新到數位產業融合的內容。

在這次大會上，阿里巴巴原 AI Labs 電腦視覺首席科學家譚平，即阿里巴巴達摩院 XR 實驗室的負責人，不僅解讀元宇宙的概念，而且以達摩院 XR 實驗室為切入點，分析阿里巴巴在元宇宙領域的布局。

阿里巴巴達摩院，是阿里在全球多點設立的科研機構，研究重點為基礎科學、顛覆性技術和應用技術。截至 2021 年 11 月，阿里巴巴達摩院已經成立了機器智慧、資料計算、機器人、金融科技、XR 實驗室共五大板塊的 16 個實驗室。XR 實驗室作為達摩院最新成立的實驗室，主要致力於探索新一代的移動運算平臺，即 VR／AR 眼鏡以及基於新移動運算平臺的網路應用技術，從而推動顯示、人機互動技術等領域的革命。

梳理網路科技發展的過程中不難發現，其應用會隨著運算平臺而遷移。網際網路發展到行動網路，個人電腦則遷移至智慧型手機。繼智慧型手機之後，VR／AR 眼鏡有望成為下一代運算平臺，屆時，網路平臺的呈現即為元宇宙。

在 VR ／ AR 眼鏡成為網路主流平臺的時代，每個用戶都將獲得一個虛擬形象，即替身。借助於這個虛擬形象，用戶可以在虛擬空間中，與其他個體互動或從事各種活動。從這個角度來看，遊戲、社交、電商等，如今處於網路端的應用程式，都能夠遷移至元宇宙中，並獲得新的呈現方式。

XR 實驗室所聚焦的技術重點，實際上可以歸結為兩個：「新顯示」和「新互動」。此前，不管是電腦端還是智慧型手機端，雖然平臺遷移了，但顯示介面仍然都是二維的，僅透過不同視窗來呈現內容；而使用者進行互動的方式，也都是藉由點擊視窗等來操作。但進入 VR ／ AR 時代後，平臺呈現方式以及與使用者互動的方式，都將是三維的，個體不僅能沉浸式體驗虛擬世界，而且虛擬世界可以與現實世界融合和聯動。

在透過VR ／ AR眼鏡接入的虛擬世界中，用戶可以沉浸其中，也可以以語言或動作等互動。除了現實和互動面臨變革外，其上層的應用更將迎來歷史性的革命。正如譚平所認為的，元宇宙是我們這個時代的「灰犀牛」（按：意為發生機率大，可預期到來的風險或變化）。VR ／ AR 眼鏡不僅會帶來計算平臺的遷移，甚至整個產業也會發生巨大的變革。

從阿里巴巴的構想來看，與元宇宙關聯的技術層面可以劃分為四層，如下頁表 8-2 所示。

這四個層級，實際上是層層遞進的關係，基於全息構建可以進行全息模擬，透過第二層的全息模擬，能使得現實中的很多問

題獲得最佳解決方案，而解決方案透過第三層的虛實融合，可以映射到現實世界當中，最終透過智慧型機器人實現虛實聯動。

表 8-2 元宇宙的技術架構

技術架構	具體內容
全息構建	元宇宙技術的第一層，所要實現的目標為：構建虛擬世界的模型，並將模型呈現於終端設備，讓用戶獲得沉浸式體驗。目前這種技術已經開始應用於多個領域，比如 VR 看房等，這也是元宇宙的最淺層。
全息模擬	元宇宙技術的第二層，所要實現的目標為：構建動態的虛擬世界，並盡可能使其接近現實世界。這種技術目前處於探索階段，比如某些網路遊戲以及數位孿生的應用。
虛實融合	元宇宙技術的第三層，一個無限逼近真實世界的虛擬世界，換個角度也可以理解為，構建真實世界的高精度三維地圖並定位，在此基礎上與虛擬世界中包含的資訊疊加。達到這一層，就能構建出一個完美的 AR 世界。
虛實聯動	元宇宙技術的最高層，這也是阿里巴巴對元宇宙的獨特理解。與以往認為元宇宙的最終目標，是建立一個虛實融合的世界不同，阿里巴巴認為，元宇宙最終應該透過虛擬世界，改造現實世界。

4. 字節跳動，打造 VR 生態圈

　　元宇宙之所以能夠迅速在科技圈和資本圈大熱，一方面是由於其以多個新興科技為依託，展現出了強大的技術優勢；另一方面則是元宇宙的基本價值觀為共創、共用、共治，所以能夠帶動數位經濟產業的創新和產業鏈的拓展，為人類社會的發展描繪一幅全新的生態圖景。

　　隨著行動通訊、大數據、人工智慧等技術的發展，虛擬與現實之間的界線勢必會越來越模糊，而元宇宙也就理所當然的成為了下一代網路的新形態。目前，包括臉書、微軟、輝達以及騰訊、字節跳動等企業，均已經開始在相關領域布局。其中，作為最早將人工智慧應用於行動網路場景的科技企業之一，字節跳動已經透過投資併購的形式，逐步搭建起了 VR 生態圈。

投資併購：加碼布局 VR 元宇宙

　　2021 年 10 月 12 日，深圳市光舟半導體技術有限公司（以下簡稱光舟半導體）進行工商變更。其變更內容主要包括兩部分：其一，新增股東，在新增的股東名單中，最為引人注意的是北京量子躍動科技有限公司，其是字節跳動的關係企業；其二，增加註冊資本，公司註冊資本由 299.72 萬元增加至 343.12 萬元，增幅

為 14.48％。

　　根據公開的資料，光舟半導體成立於 2020 年 1 月，是一家總部位於深圳的晶片公司，主要創辦人為 AR 光學專家朱以勝和科學家初大平教授，經營內容主要包括光波導（衍射光學晶片）、光引擎（微投影模組）、光學模組、微奈米半導體材料與工藝等技術相關的開發、諮詢以及技術轉移等。雖然成立的時間較短，但光舟半導體目前已經設計並量產了 AR 顯示光晶片及模組，其旗下還擁有半導體 AR 眼鏡硬體產品。

　　在光舟半導體的主要經營內容中，衍射光學已經被公認為是 AR 光學的未來，而 AR 光學又是 AR 硬體系統的核心。因此，字節跳動投資光舟半導體，與其元宇宙生態的構建密切關聯，畢竟 VR ／ AR 是元宇宙的關鍵硬體入口。

　　除了投資光舟半導體外，字節跳動在 VR 硬體布局方面的另一個大動作，便是收購 Pico。透過收購，Pico 將併入字節跳動的 VR 相關業務，與字節跳動 VR 方面的技術實力和內容資源整合。Pico 成立於 2015 年 3 月，創立人為現任 CEO 周宏偉，是北京小鳥看看科技有限公司旗下品牌。作為一家專注移動虛擬實境技術與產品研發的科技公司，Pico 還與歌爾聲學股份有限公司建立了戰略合作關係，而且在此次收購後，Pico 會繼續與歌爾合作，以確保供應鏈的穩定運轉。

　　根據《IDC 全球增強與虛擬實境支出指南》提供的資料，2020 年 Pico 擁有中國 VR 硬體中最高的市場占有率。不僅如此，

在硬體設備方面，2021 年 5 月，Pico 發布其新一代 VR 一體機 Pico Neo 3，其各項硬體參數與定價已經與臉書的 Oculus Quest 2 相當；在遊戲作品方面，2021 年 Pico 持續推出 VR 遊戲大作，並計畫在未來加大遊戲開發和引進力度；在內容方面，Pico 已經建立了屬於自己的開發者社群，並吸引了大量的優秀開發者入駐。收購 Pico，對於字節跳動而言，能夠吸收 Pico 在 VR 方面的硬體、軟體、人才等資源，便於其元宇宙生態體系的搭建。

除了以上的投資併購舉措外，字節跳動已經在 VR ／ AR 領域進行了長期的探索，並取得了多個技術成果。以旗下產品抖音為例，2017 年，抖音已經率先推出 VR 社交、AR 互動、AR 濾鏡、AR 掃一掃等功能。

底層邏輯：元宇宙與 VR ／ AR 的關係

雖然關於元宇宙真正的內涵和最終的形態，仍然尚未有定論，但可以肯定的是元宇宙的技術層面，主要有三個問題，即進入方式、呈現的形態以及元宇宙自我運行的維持。而元宇宙的搭建，也包含三個層面：其一，需要人工智慧技術提供所需的內容；其二，需要 VR 技術為使用者帶來沉浸感；其三，需要區塊鏈技術支撐底層的經濟系統。

「沉浸感」作為元宇宙的一個重要特性，需要使用者借助一個智慧型終端設備接入才得以實現，而 VR 設備就完美滿足了這一

需求。如果說元宇宙是網路的終極發展形態，那麼 VR ／ AR 技術就是引發網路革命的導火線。因為 VR ／ AR 不僅是用戶獲得沉浸感的主要技術手段，也是元宇宙的構成要素。用戶從現實世界進入元宇宙的虛擬世界，必須借助專屬的鑰匙，而 VR 就是這把鑰匙。對於布局元宇宙的企業而言，獲取鑰匙是其中至關重要的一環，這也是字節跳動進行以上投資布局的戰略意圖。

作為一家以建設全球創作與交流平臺為願景的企業，字節跳動的基因可以說與元宇宙非常契合。在投資光舟半導體以及收購 Pico 後，字節跳動有望打通涵蓋硬體、軟體、內容、應用和服務等環節的虛擬現實產業鏈，構建競爭力極強的 VR 生態圈。

不過從發展趨勢來看，VR 硬體廠商未來的發展重點主要有兩個，其一是生產高品質的內容，其二是取得價格方面的優勢，只有這樣才有利於推動元宇宙的後續發展。最終，在完善的內容生態以及成熟技術的支援下，將有望實現元宇宙的龐大構想。

第 9 章

掘金時代，
你想挖哪一塊？

1. VR／AR，下一代計算平臺

隨著 5G、人工智慧、雲端運算等技術的持續發展和融合應用，VR／AR 產業也進入了新的發展階段。根據 2020 年 11 月發布的《IDC 全球擴增與虛擬實境支出指南》，預計 2020 年全球 VR／AR 市場的同比增長率為 43.8％，支出規模可以達到 120.7 億美元；預計 2020 至 2024 年全球總支出規模的複合年增長率（CAGR）將達到 54％，發展態勢良好。

相比人工智慧、區塊鏈等，VR／AR 產業為何會獲得如此快速的發展，並成為元宇宙從概念走向現實的必經階段呢？這主要是因為 VR／AR 產業的性質。人工智慧、雲端運算、物聯網等技術的主要功能是為其他產品賦能，比如使得資訊紀錄系統不易被篡改、使得資訊分析系統更加準確、高效等，而 VR／AR 則可以不必依託於其他的產品獨立存在。

可以說，繼電腦、智慧型手機之後，VR／AR 設備是新一代具有代表性的消費型電腦科技產品，而這一產品形態的進化，也符合便捷、智慧的發展趨勢。

由於受到新冠肺炎疫情的影響，消費、辦公、教育等多個領域都已經進入線上時代，這也帶動了虛擬實境行業的發展。根據《畢馬威 2020 科技行業創新》報告，企業在虛擬實境方面的投入大幅增加，36％的企業在該領域的投資額提升了 1％～ 19％，

21％的企業提升了 20％～ 39％，更有 14％的企業投資力度增加超過 40％。

另外，隨著以臉書 Quest 2、微軟 Hololens 2 等為代表的 VR ／ AR 終端設備的推出，進入 2021 年後，VR ／ AR 終端設備在市場規模持續上漲的同時，平均售價也會逐漸降低。

VR 產業

VR 產業的發展情況可以從兩個方面來看，其一是相關的硬體產品，其二是其應用領域。

· **硬體產品**：經過幾年的累積，VR 硬體產業也進入了蓬勃發展階段，其中具有代表性的便是臉書旗下的頭戴顯示設備。2019 年，初代 Oculus Quest 虛擬實境頭盔，一經發售就取得了巨大的成功。2020 年 10 月，臉書的第二代獨立虛擬實境頭盔 Oculus Quest 2 上市，相比初代產品，Oculus Quest 2 不僅性能更強、螢幕解析度更高、外形設計更加人性化，其價格也比初代 Quest 降低了 100 英鎊（按：約新臺幣 3,630 元）。根據臉書內部提供的資料， Oculus Quest 2 半年的銷售量，就已經超過歷代 Oculus VR 頭戴顯示器的銷量總和。而根據 SuperData、Rec Room 等機構的統計和預測，Oculus Quest 2 在 2021 年的總銷量應有 500 萬臺至 900 萬臺（按：2021 年總實際銷量已超過 1,000 萬臺）。

・**應用領域**：遊戲市場作為 VR 硬體產品的主要應用領域之一，不僅能夠帶動相關硬體產品銷量的增長，也會促進整個 VR 產業走向繁榮。以著名的 VR 遊戲《顫慄時空：艾莉克絲》（*Half-Life: Alyx*）為例，其上線後 Valve Index 頭戴顯示器相繼在 31 個國家售罄。不僅如此，在教育、旅遊等其他多個行業中，VR 也展現出不容小覷的商業價值。

AR 產業

與 VR 產業相比，AR 產業的發展稍顯緩慢。由於產品形態以及價格等方面的限制，目前 AR 產品還未發展到消費型。隨著 5G 等相關技術的發展，以及應用場景的進一步開拓，可能在不遠的未來，光波導鏡片等產品的技術和量產難題都將被逐漸突破。以 AR 眼鏡為例，在技術的賦能以及用戶需求的刺激下，AR 眼鏡的功能提升的同時，其形態也會更加接近普通眼鏡，更便於用戶佩戴並獲得良好的使用體驗。

基於 AR 的遠端協作，需要透過設備採集聲音、圖像等資訊，然後經無線網路傳輸至後臺以獲得技術支援。在各網路公司巨頭的帶動下，AR 產品將有希望進入大眾市場，並應用於各種豐富的場景中。

2.泛娛樂，內容經濟時代的來臨

元宇宙的終極發展目標是成為一個極度真實的虛擬宇宙；而真實的宇宙一直處在持續擴張狀態，經歷著有序到無序的熵增過程，對內容的規模、內容的再生以及內容之間的互動，有著較高的要求。

創建元宇宙的一個必備條件，就是必須擁有足夠規模的內容。目前，很多動漫公司或者電影公司都在試圖藉由內容打造自己的IP宇宙，透過不斷產出內容，建立前後邏輯合理，且可以不斷發展的世界觀。

在IP宇宙打造方面，目前最成功的當屬漫威宇宙。2008年，電影《鋼鐵人》上映拉開了漫威宇宙的序幕。迄今為止，漫威宇宙系列歷經14年，產出了29部電影、12部影集，打造了一系列經典IP。漫威宇宙以漫威漫畫為基礎，與其他漫畫、電影、動畫等產品，一起構成了一個多元化的宇宙。

漫威宇宙的創建有兩條途徑：一是從漫畫到單英雄電影，再到多英雄聯動；二是推出了許多衍生產品，透過衍生產品增強漫威宇宙的滲透度。只有一個IP或者多個獨立IP，是無法形成宇宙的，宇宙必須由一系列IP構成，彼此之間必須具有高度關聯性，透過多元化的內容豐富世界觀，再加上用戶的二次創作才能形成。

宇宙形成了初始狀態之後，需要透過多元化的UGC不斷

拓展邊界。從內容生產演進的過程看，目前我們正處在從 PGC（Professional Generated Content，專業生產內容）向 UGC 發展的階段，無論內容產能還是主流社交形態，都得到了極大的發展。

例如開放世界遊戲《俠盜獵車手》系列（*Grand Theft Auto*），由於開發團隊的產能有限，所以單純第一方遊戲內容的邊界比較狹小。隨著玩家自製的遊戲模組越來越多，遊戲的內容體系變得更豐富，遊戲的邊界也越來越寬。UGC 內容生產模式大大豐富了內容體系，這一點已經在抖音、快手、Bilibili 等平臺得到了驗證。在這些平臺的內容構成中，PGC 只占很小一部分，絕大多數是 UGC，有些 UGC 的生產能力甚至已經達到了 PUGC（按：UGC 與 PGC 相結合的生產模式）的水準。

不過，UGC 的顯著問題就是品質參差不齊。想要生產出高品質 UGC，則需要引入 AI。目前，已經有公司開始探索 AI 賦能內容創作領域，例如《機器磚塊》可以利用機器學習技術，將用英語開發的遊戲自動翻譯成中文、德語、法語等八種語言。

雖然我們仍處在人工智慧發展的初級階段，很多產品和應用都不太成熟，但借助現有的人工智慧工具，確實可以簡化內容創作過程，減輕內容生產壓力，讓內容生產者將絕大部分精力放在提升內容品質，無須為其他事情分心。隨著人工智慧不斷發展，內容生產有可能進入 AI 創作內容階段，隨著內容品質全面提升，用戶在元宇宙這個虛擬世界裡也能獲得多元化、高品質的內容體驗。

在不斷發展的 AI 技術的賦能下，用戶有望獲得更具沉浸感

的內容體驗。目前，內容展現載體仍然是圖片、文字、音訊、影片等。未來，隨著 VR ／ AR ／ MR 等技術不斷發展，內容呈現方式將變得更豐富，有望讓元宇宙中的用戶獲得更具沉浸感的內容體驗。相較於傳統的圖文內容、音訊、影片內容來說，元宇宙中的內容呈現方式將更真實、更深入。

‧**在影視方面**：VR ／ AR 互動劇可能成為內容的主要呈現方式，增強使用者體驗；或者利用多人互動模式，讓使用者體驗到沉浸式線上劇本殺；或者利用人工智慧打造開放式劇情，根據玩家選擇為其匹配劇情發展等。

‧**在音樂方面**：借助 MR 等技術和應用，可以讓用戶產生沉浸式體驗，甚至可以結合 K 歌模式，讓使用者與喜歡的歌手同臺表演。

‧**在小說閱讀方面**：可以利用人工智慧技術，讓用戶產生沉浸式閱讀體驗。總而言之，相較於短影片、音樂等目前主流的互動形式，元宇宙對原生網路受眾群的吸引力更強，將有可能提高使用者應用時長。

3.創建虛擬分身，隨時隨地開心做自己

作為全球最大的多人線上創作遊戲平臺，Roblox 近年來越來越意識到社交環節對提升用戶體驗的價值。

2021 年 8 月 17 日，Roblox 宣布已收購 Guilded 的團隊。被收購方 Guilded 一直致力於為競技遊戲玩家提供良好的社交平臺，用戶在 Guilded 平臺上不僅可以透過語音或文字對話，還可以基於不同的活動內容組建社群。目前，Guilded 除了可以為數百種遊戲提供聊天服務外，還針對《機器磚塊》、《英雄聯盟》（*League of Legends*）等熱門遊戲，推出了更具有針對性的功能。

元宇宙領域的主要參與者之一字節跳動也在同一時期，在東南亞地區推出了一款名為 Pixsoul 的產品，嘗試為使用者打造具有沉浸感的虛擬社交平臺。實際上，早在 2021 年初，社交平臺 Soul 就提出打造一個「年輕人的社交元宇宙」的構想。與微信、微博等社交平臺不同，Soul 基於興趣圖譜和遊戲化玩法進行產品設計，聚焦虛擬社交網路的構建。由於以演算法進行驅動，因此 Soul 與元宇宙在某些層面不謀而合。比如，其透過群聊派對、Giftmoji 等創新玩法，能夠給用戶帶來低延遲和沉浸式的社交體驗。

不僅如此，在藝術創作等領域，獨特的社交模式也能幫助創作者打破傳統創作的限制。比如，手機遊戲開發商創夢天地推出

的 Fanbook，就能為粉絲提供創作空間，並分享各式各樣的藝術作品。在此平臺上，創作者能夠與粉絲零距離接觸，共同創建一個社交元宇宙。

元宇宙支援用戶發展社交活動，可以滿足用戶的社交體驗，這主要得益於遊戲性帶來的高沉浸度社交體驗，和豐富的線上社交場景。同時，在元宇宙中，用戶可以憑藉虛擬身分進行社交活動，突破物理距離以及社會地位等因素的限制，產生近乎真實的社交體驗。

作為立足於遊戲架構打造的虛擬世界，可以有效增強用戶的沉浸感。同時，用戶的遊戲行為本身就承載著一定的社交功能，例如《魔獸世界》（*World of Warcraft*）的玩家公會、好友系統等就具備社交屬性，玩家可以透過戰場、副本等開展社交互動。此外，組隊刷副本、陣營大戰、多人組隊開黑（按：遊戲玩家透過約好在同一地點遊玩，或透過語音系統交流，以求在多人遊玩下達成更佳配合的遊玩方式）等玩法，也賦予了遊戲更多社交功能，尤其是《摩爾莊園》，直接將遊戲昇華為社交活動，大幅豐富了社交場景。

除了上述玩法外，還有一些遊戲擁有派對模式，例如《機器磚塊》和《要塞英雄》等，支援玩家在遊戲中辦派對或者演唱會。例如在中國，2021 年 6 月，《摩爾莊園》與草莓音樂節聯動，邀請新褲子樂隊舉辦虛擬演唱會。隨著元宇宙的沉浸度與擬真度不斷提升，必將帶給用戶更真實、更豐富、更多元化的社交體驗。

　　用戶以虛擬的身分開展社交活動，可以突破很多因素的限制，例如空間地理因素、社會地位因素等，增強用戶的代入感。在遊戲中，用戶可以創建一個虛擬身分，並且按照個人喜好裝扮虛擬形象。例如，《機器磚塊》遊戲有一個商店 Avatar，用戶可以在商店購買道具，或者自己創作道具來裝扮自己、彰顯個人風格。

　　同時，虛擬社交平臺還消除了很多限制溝通交流的因素，例如物理距離、相貌打扮、貧富差距、種族差異、信仰差異等，讓用戶可以自由的表達自己。像是社交軟體 Soul 支援使用者憑藉虛擬身分開展社交活動，還會根據使用者的興趣為其推薦相關內容或喜好相近的其他用戶，增強使用者的歸屬感，成為用戶緩解孤獨、自由交流的重要載體。

　　隨著底層技術不斷發展，社交場景持續拓展，社交將在現實世界與虛擬世界連接過程中發揮重要作用。例如，在 Soul 平臺，用戶可以藉由群聊派對進行討論、聽音樂、學習等活動，也可以玩狼人殺等遊戲，甚至可以透過 Giftmoji 購物。未來，隨著社交功能不斷豐富，連通虛擬世界與現實世界的方式將越來越多，社交元宇宙將帶給用戶更極致的體驗。

4. 虛擬偶像，你崇拜的再也不是人

近幾年，人工智慧領域取得了許多突破。比如，2021 年 6 月，中國首位虛擬人「華智冰」宣告誕生。其臉部以及聲音等均透過人工智慧模型打造，不僅具有良好的互動能力，而且擁有持續的學習能力，能夠在學習的過程中不斷「長大」。

實際上，關於虛擬人，比較早的可以追溯到 1989 年美國國立醫學圖書館發起的「可視人計畫」，該計畫也是全球首次提出虛擬數位人的概念。目前，人們更為熟識的虛擬人則是虛擬偶像，比如日本開發商克理普敦未來媒體（Crypton Future Media）推出的虛擬歌姬初音未來，以及最早在中國盈利的虛擬歌手洛天依等。如今，虛擬偶像的形式越來越多變，比如超寫實數位女孩 Reddi、中國風虛擬偶像翎（Ling）等，這些虛擬偶像不僅成為了坐擁數萬粉絲的創作者，而且還與《王者榮耀》、李寧（按：中國體育品牌）等知名平臺或品牌合作。

與之前的虛擬人相比，最新一代虛擬人的最主要特點是在技術方面的突破，VR ／ AR 技術越來越常被應用在建立虛擬人角色上，使其更加逼真。而元宇宙概念的火熱，也吸引了不少的資本方打造元宇宙虛擬偶像。但是，由於該領域目前仍處於初級探索階段，而且相關技術都有待進一步發展，因此進入的門檻較高，而且面臨的風險較大。

　　根據 iiMedia Research 提供的資料，2020 年中國虛擬偶像核心市場規模為 34.6 億元，其帶動的周邊市場規模為 645.6 億元；預計到 2021 年，將分別增長至 62.2 億元和 1,074.9 億元。由於相比真人偶像，虛擬偶像具有更強的可塑性，能夠根據市場的需求和粉絲的喜好進行設定，因此，在技術的支援下，該領域市場有望保持持續增長態勢。

　　與真人偶像的變現模式類似，虛擬偶像變現的主要商業邏輯也是粉絲經濟。就目前的市場分布來看，位於金字塔頂端的虛擬偶像，主要透過 IP 授權或演出等獲取收益，處於中部和底部的虛擬偶像，則主要藉由電商直播等獲取收益。由此不難看出，虛擬偶像 IP 變現的管道仍然比較單一，而在元宇宙的市場環境當中，要打造多元化的變現模式，最為關鍵的任務，就是找到一個能夠高度客制化的媒介。就元宇宙所涵蓋的商業基因來看，以 NFT 為媒介進行虛擬偶像 IP 變現，既能夠與虛擬經濟的需求相契合，又能夠實現 IP 現實價值與元宇宙虛擬經濟的有效連接。

　　在現實世界的商業模式中，「人」，也就是消費者，是商業活動的核心，業者需要分析其需求，以求在激烈的市場競爭中突圍而出。在元宇宙虛擬世界的商業模式中，「人」，也就是其所代表的虛擬角色，同樣極為重要，能夠在現實世界中的用戶以及虛擬空間中的物品之間打通一條價值鏈。這條價值鏈既需要反映物品所具有的價值，也需要映射出使用者的真實需求。由於目前市場中的消費主力是年輕群體，因此在虛擬偶像與「人」之間建

立連接，能夠有效的吸引消費群體。

2021 年 5 月 20 日，中國首位超寫實數位人（Metahuman）AYAYI 誕生。以 AYAYI 為名稱的帳號在各個社交平臺創建並發布照片，其中在小紅書平臺，大約一個月的時間，AYAYI 發布的第一張圖已獲得了超過 9 萬次點讚和 1.2 萬次收藏，更吸引了國際品牌嬌蘭（Guerlain）與其合作。2021 年 9 月，AYAYI 更是宣布入職阿里，不僅成為了天貓超級品牌日的數位主理人，在未來還可能獲得多重身分，如 NFT 藝術家、數位策展人、潮牌主理人、坐擁頂級流量的數位人等。

有別於很多虛擬偶像，AYAYI 的形象更加貼近真人。如果說與此前虛擬偶像相關的概念是二次元的話，那麼與以 AYAYI 為代表的超寫實數位人關聯的概念則是「元宇宙」。

除了和超寫實數位人聯手開啟元宇宙的行銷世界外，阿里還將元宇宙與其商業模式融合。2021 年雙 11 購物節，已經是阿里巴巴的第 12 個雙 11。與以往的促銷模式有所區別的是，這次借用了元宇宙的力量。作為最初的發起方和活動的引領者，天貓將人、貨、場的相關理論搬進元宇宙，各個品牌紛紛搶占虛擬經濟賽道。之所以如此，是因為目前承載元宇宙與虛擬經濟的關鍵，就是切入口的選擇和商業生態的重構。

元宇宙之所以能夠在資本圈和科技圈大熱，主要就是因為這種新形態背後蘊含的經濟效益。而與元宇宙基因契合的虛擬偶像，能夠以技術驅動 IP 變現，具有巨大的商業價值。

PART 4

賦能篇

第 10 章

元宇宙最關鍵的技術，
區塊鏈

1. 少了區塊鏈，元宇宙永遠只能是遊戲

相較於科幻小說《潰雪》中描寫的元宇宙，目前正在發展演化的元宇宙融入了更多技術成果，包括 VR、AR、ER、MR、遊戲引擎等。在這些技術的支持下，元宇宙有可能成為一個與傳統物理世界平行的全息數位世界，為資訊科學、量子科學帶來機遇，推動數位與生命科學相互交流，推動科學範式（Paradigm）發生改變，推動傳統的哲學、社會學、人文科學體系重大突破。此外，元宇宙還將與區塊鏈技術、NFT 等數位金融成果相融合，進一步豐富數位經濟轉型模式，並為人類社會的數位化轉型提供一條新路徑。

同伴客指數研究機構將 2021 年稱為元宇宙大爆炸元年。在宇宙大爆炸初期，物理世界呈現出非線性暴脹狀態，目前的元宇宙就處在這一狀態，無法用簡單的數字指標描述其大小、膨脹速度。對於這個快速發展的新世界，人們總是想給出明確的解釋。

同伴客認為，描述這個新世界最好的方法，就是用新世界在舊世界價值體系（公開交易市場）中的交易價格對其進行衡量。透過對比目前市面上元宇宙專案的市值、概念契合度、市場潛力，分析大量的市場研究報告，同伴客選擇了十個元宇宙項目，利用市值加權平均的方式計算出價格均值，形成了元宇宙價值指數。

元宇宙的創建需要眾多技術支援，**區塊鏈就是一項關鍵技術。如果沒有區塊鏈，元宇宙可能永遠擺脫不了遊戲形態。**區塊鏈可以將現實世界與虛擬世界連接在一起，將虛擬世界打造成一個和現實世界相對的平行宇宙，保護用戶虛擬身分以及虛擬資產的安全，讓用戶在這個虛擬世界進行價值交換。同時，區塊鏈可以提高系統規則的透明度，讓玩家成為遊戲的主導者，將遊戲變成一種經歷、一種生活方式。

數位孿生提供元宇宙的創世元素

2020 年，騰訊內部年刊刊載了馬化騰的一篇文章──〈三觀〉，文章寫道：「這是一個從量變到質變的過程，它意味著線上線下的一體化，實體和電子方式的融合。虛擬世界和真實世界的大門已經打開，無論是從虛到實，還是由實入虛，都在致力於幫助用戶實現更真實的體驗」、「虛擬世界和真實世界的大門已經打開」，虛擬世界與真實世界的融合，描述的不正是元宇宙嗎？

除了元宇宙外，這段話還涉及另外一個概念，就是數位孿生。

數位孿生，也被稱為數位映射、數位鏡像，官方定義是：充分利用物理模型、感測器更新、運行歷史等資料，集成多學科、多物理量、多尺度、多概率的模擬過程，在虛擬空間中完成映射，從而反映相對應的實體與其全生命週期過程。

簡單來說，數位孿生就是參考真實的物理世界，按照 1：1 的

比例，在虛擬世界創建一個數位孿生體。在這個過程中，數位孿生將物理世界映射到數位宇宙，成為一個數位體，賦予數位世界基本的生長元素，最終實現數位原生、虛實相生。

跨鏈技術解決不同元宇宙的資產流轉

　　為解決資產流轉問題，元宇宙將創建一套獨立的金融體系，利用超級帳本（Hyperledger）將虛擬資產以鏈上資產的形式記錄下來，然後利用智慧型合約進行交易。

　　這個金融體系會利用雜湊演算法保證資料的一致性，防止資料被篡改，並利用非對稱加密演算法建立安全的帳戶體系。DeFi可以讓元宇宙內的資產真正的流通，這是資本最看重的價值點。元宇宙的早期參與者可以創建社區，讓各類生產要素流動，然後再利用跨鏈技術，促使不同元宇宙內的資產流轉。

2.去中心化，資產才能流通

從數位時代的演進路徑來看，元宇宙的出現具有一定的必然性。智慧型終端設備的普及應用、5G 基礎設施的完善、電商的快速發展、短影片與遊戲生態的繁榮以及共享經濟的落定，從技術層面推動元宇宙的出現與發展。新冠肺炎疫情的持續，以及 Z 世代、賽博龐克（cyberpunk）等文化的加持，從社會層面進一步加速了元宇宙的到來。

在數位化浪潮下，人們的工作方式、職業選擇發生了很大的變化。受新冠肺炎疫情的影響，人們逐漸養成了線上工作、學習、娛樂的習慣，網路時代出現了很多自由職業，企業的組織形態發生了較大改變，再加上 Z 世代對虛擬世界的依賴與沉浸，這些都對元宇宙的到來產生了積極影響。

你的就是你的，沒有人拿得走

由於關於元宇宙的相關探索仍然處於初級階段，因此缺乏共識。但關於其特點，目前得到較多支持的是風險投資家馬修・柏爾提出的觀點，即元宇宙主要具有五大特徵：穩定的經濟系統、開放的自由創作、高度社交屬性、虛擬身分認同和沉浸式體驗。

區塊鏈技術具有不可偽造、全程記錄、可追溯、公開透明、

集體維護等特色，能夠解決元宇宙平臺去中心化價值傳輸與協作問題。區塊鏈作為一個共用的資料庫，能實現元宇宙平臺中的價值激勵與價值傳遞。在區塊鏈技術和智慧型合約的協同作用下，元宇宙中的價值可以有序流轉，從而保證其中的經濟規則透明且能夠被正確的執行。而且，由於解決了中心化平臺的壟斷問題，元宇宙中的虛擬資產能夠不受內容、平臺等因素局限，而更加順暢的流通。

依賴於區塊鏈技術，用戶在元宇宙中的權益紀錄是去中心化的，也就是說，用戶所獲得的虛擬資產將不會僅能應用於一個機構，而是可以根據需要隨意進行交易、流通或其他處置，不會受到所謂中心化機構的制約。

就像跨國銀行，只是更簡單

區塊鏈的誠實和透明，使得其應用於任何場景中，都能夠有效解決資訊不對稱的問題，而基於區塊鏈的去中心化金融生態體系，也能夠為元宇宙建立一個有效的金融系統。在這樣的基礎之上，使用者能夠獲得門檻和成本極低，而效率極高的金融服務，可以自由的進行虛擬資產的保險、證券化以及抵押借貸等。

這種高品質的金融服務，也從另一個維度強化了元宇宙中用戶虛擬物品所具有的資產屬性。由此，穩定的虛擬產權和完善的金融生態，決定了元宇宙中的經濟系統具備一定的市場功能，用

戶透過創作和勞動等行為所獲得的虛擬資產價值，均由其所在的市場決定。

在以往的多種平臺中，用戶花費大量時間和精力所獲得的虛擬資產，難以有效流通，而區塊鏈技術的應用，則大大降低了虛擬資產跨平臺流通的難度。以網路遊戲平臺為例，用戶所擁有的虛擬資產，由該遊戲運營平臺的資料庫記錄，如果需要跨平臺流通，則需要這幾個平臺的資料庫互聯互通，不僅實現難度高，所需成本也難以被平臺運營方所接受。而借助 NFT 來記錄虛擬資產，並基於區塊鏈技術進行交易，不僅大大降低了虛擬資產流通的成本，而且在提高資產結算效率的同時，也降低了信用風險。

3.活在元宇宙，你得換一張身分證

　　隨著相關技術的發展以及使用者規模的擴大，網路上帳戶的數目也越來越龐大。不過，雖然這些帳戶中所包含的資訊都是使用者自己的資料，但無論就法律層面還是技術層面而言，用戶既不擁有這些帳戶，也不能管控自身利益，而帳戶中使用者資料的洩露和濫用問題卻越來越突出。如何讓個體擁有自己的數位身分，並保護與儲存其中所包含的資訊，也就是去中心化的身分認證問題，已經成為用戶最為強烈的需求之一。

　　分散式身分識別（Decentralized Identifier，簡稱 DID），是對使用者數位身分主權的一種新型識別。其基於區塊鏈技術，能夠對使用者的數位身分進行創建、驗證等管理，以保證使用者的身分資訊得到有效的保護和有規範的管理。

　　與其他的聯合識別不同，分散式身分識別所需要標識的物件由其控制者決定，且獨立於集中式註冊表、身分提供者或憑證授權。分散式身分識別擁有極高的可解析性、可以解密以及可進行加密驗證等優點。而且，為了構建更加安全的通信通道，分散式身分識別通常與公開金鑰、服務終端等加密內容相互聯繫。每個分散式身分識別中，都包含加密材料、驗證方法或服務端點等資訊，而這也就保證了用戶對分散式身分識別的控制。

　　不僅如此，分散式身分識別除了是全球性的唯一識別碼之外，也是應用於網路世界的全新分散式數位身分，和公開金鑰基礎設施（Public key infrastructure，簡稱 PKI）層的核心組成部分。

　　分散式數位身分的優點，主要表現在以下三個方面：

　　・安全性：這也是分散式數位身分最主要的優點。由於使用者的數位身分標識經過降低靈敏度設定，因此可以避免使用者的資料資訊被洩露。

　　在使用者許可的情況下，其身分資訊的提供堅持最小披露原則，且不會被無意洩露。此外，使用者可以長久保存相關的身分資訊。而這也就使得用戶可以自己完全管理和控制實體的現實身分，和可驗證數位憑證等個人資訊，未經過授權的機構，無法獲得與使用者有關的實體資訊。

　　・身分自主可控：由於分散式身分識別將使用者的主體身分與數位身分緊密連結，並且只有經過用戶的授權才能合理使用，因此，用戶的身分資訊都是自主可控的，不需依賴任何第三方平臺管理。

　　・分散式：在分散式數位身分系統中，使用者身分資訊管理是去中心化的，因此也可以避免被隨意的洩露和篡改。基於這樣的數位身分系統，個體在網路世界中交流的基礎，是自己的身分

資料，而不需要依賴於特定的第三方平臺。而從平臺的維度來看，分散式數位身分也更有利於平臺之間的平等合作，共同為使用者提供服務。

4. 分散式管理與去中心決策平臺

在傳統的網路生態中，中心化的平臺由於占據流量優勢和規則方面的非對稱優勢，因此其運營模式，往往是基於平臺的立場和利益，這也就在一定程度上損害了用戶的利益。而在元宇宙中，如果依然沿襲這樣的邏輯，搭建以中心化平臺為主導的商業模式，基於流量的自然壟斷性，元宇宙中的壟斷必然是更大規模、更深層次，這必然不利於元宇宙的健康與持續發展。

為了解決中心化平臺的壟斷問題，可以借助區塊鏈技術，將元宇宙構建為一個典型的區塊鏈分散式自治組織。藉由應用區塊鏈技術，元宇宙當中的使用者身分資訊以及虛擬資產等，可以不受特定平臺的管理和控制，而是以加密資訊的方式，被存儲於區塊鏈底層平臺。

由此，特定的平臺便不能壟斷、擅自傳播和濫用使用者的資訊，只能為使用者提供服務。由於建立了智慧型合約，因此平臺可以真正實現去中心化運行。而且，透過精心設計規則、擴展機制及共識機制與決策機制，組織管理的成本會大大降低，組織管理的效率得以提升，保障組織達成預設目標。

所謂分散式治理，主要涵蓋以下四個方面的內容，如右頁表10-1 所示。

表 10-1　分散式治理的主要內容

分散式治理	主要內容
願景 和價值觀	元宇宙中的創始文件、網路啟動方面所包含的細節等，均能夠表現建立元宇宙的願景和秉承的價值觀。
軟體協定	主要用於界定網路中的交易以及其他重要的資訊，其中包含針對軟體本身的修改規則，即鏈上治理部分。
規則	包括內嵌於軟體協定中的規則、軟體協定外部的規則，和規章制度。
社群協調 和管理	軟體外部規則的主要功能，是說明協調更廣泛的社群活動的組織，即鏈外治理部分，此部分與傳統的免費開源軟體專案的治理具有一定的相似性。

　　在以上提到的內容當中，鏈上部分是分散式治理創新性的主要展現。當元宇宙中涉及與鏈上資料分析、通證化、自動化等有關的內容時，相關軟體的更新以及通證資源的分配等，將呈現出其所具有的獨特優勢。

第 11 章

始於遊戲，
不止於遊戲

1. 遊戲的下一步將如何發展

　　元宇宙之所以廣受關注，就是因為它能帶給使用者更豐富、更優質的體驗，擁有巨大的發展潛力與廣闊的發展空間。那麼，它究竟能帶給使用者怎樣的體驗呢？從其特徵來看，元宇宙能夠滿足用戶更多線上線下一體化的體驗，具體包括遊戲、社交、消費等，開創一個各行各業全面數位化的全真網路時代。

　　目前，人們已經將《機器磚塊》、《要塞英雄》等遊戲視為元宇宙的雛形，未來，遊戲將對元宇宙的發展產生持續的驅動作用。以遊戲為基礎，元宇宙可以帶給用戶更豐富的泛娛樂體驗。

　　元宇宙是參照現實世界打造的一個虛擬空間，遊戲也是基於對現實的模擬與想像打造出來的虛擬世界，兩者的形態並無二致。元宇宙的搭建需要借助遊戲來實現，在遊戲的基礎上，元宇宙做出了進一步的延伸與拓展。

以現實世界為基礎打造虛擬空間

　　遊戲和元宇宙都是以現實世界為基礎，打造虛擬空間，其中，遊戲是立足於現實世界，透過創建地圖和場景，打造一個有邊界的虛擬世界。例如，《俠盜獵車手 5》是一款開放世界動作冒險遊戲，為玩家提供一張巨大的洛杉磯地圖，讓其在遊戲打造的虛擬世

界中自由探索。再如，AR 遊戲《Pokémon go》立足於現實世界，打造了一個寶可夢世界供玩家探索。

　　開放世界遊戲也好，AR 遊戲也罷，它們都是元宇宙展現方式的基礎。因為元宇宙要在遊戲的基礎上，打造一個邊界不斷擴張的虛擬世界，用來承載不斷增加的內容。

人人都有的虛擬身分

　　無論在遊戲世界裡，還是在元宇宙世界裡，使用者都會有一個虛擬身分，並且要借助這個虛擬身分參與社交、娛樂、交易等活動。例如，騰訊手遊《天涯明月刀》透過個性化捏臉塑造人物形象；《摩爾莊園》等社交遊戲，為使用者提供豐富的社交網路。元宇宙作為一個統一的體系，雖然由不同的商業主體開展活動，但需要對身分系統進行統一管理。

　　元宇宙的身分管理和多人線上 3D 創意社群《機器磚塊》相似，雖然其平臺上有著許多遊戲，但這些遊戲都共用一套社交關係和身分系統，帶給使用者優質的遊戲體驗與社交體驗，因此累積了一大批高忠誠度用戶。

遊戲引擎強而有力的支援

　　遊戲引擎為元宇宙打造更佳沉浸感與擬真度的虛擬世界，提

供了強而有力的支援。作為一個可以實現即時互動的超大規模數位場景，元宇宙需要多元化的能力，來處理海量高度擬真的資訊，並且這種能力需要被包裝成簡單易用的工具，與內容創作者和開發者共用。遊戲引擎就是一種這樣的工具，具有突破次世代技術的能力，可用於打造一個更擬真的場景。

2. 沉浸式遊戲越來越強，任何職業都可以體驗

經過技術人員、開發人員多年的探索與打磨，遊戲有了非常豐富的玩法。這樣一來，元宇宙以遊戲為底層框架，就可以帶給用戶更多元化、更具沉浸感的體驗。但遊戲畢竟是元宇宙的初級形態，也就是說，相較於遊戲，元宇宙的沉浸感、自由度和內容衍生還有很大的提升空間。

在遊戲的世界裡，開放世界遊戲滿足了用戶對沉浸感的要求，沙盒遊戲滿足了用戶對自由度的要求，模擬類遊戲滿足了用戶對擬真度的要求，元宇宙應該集成上述三類遊戲的優點，衍生出更多元化的體驗，進一步滿足用戶需求。

開放世界遊戲滿足了用戶對沉浸感與自由度的追求，這類遊戲的典型代表，就是 Take-Two 開發的《俠盜獵車手 5》。這款遊戲打造了一個虛擬城市，透過為用戶提供擁有豐富細節的巨大洛杉磯地圖，讓用戶在遊戲中自由探索城市，在完成主線任務的同時可以進行各種非線性的支線任務，駕駛改裝載具在街頭競速，體驗很多在現實生活中無法體驗到的感覺。這款遊戲對真實城市場景的還原度極高，並且支援用戶自由探索，帶給用戶極強的沉浸感體驗。

除此之外，CD Projekt Red 推出的電腦用戶端遊戲（以下簡

稱端遊)《巫師》(*The Witcher*)系列、米哈遊推出的手機遊戲(以下簡稱手遊)《原神》等也帶給用戶不錯的體驗，獲得了眾多好評。未來，隨著遊戲引擎不斷升級，元宇宙的渲染效果、場景細節的豐富度將不斷提升，而且元宇宙將擺脫常規的地圖邊界，做到真正意義上的開放。

沙盒遊戲融入創意玩法，為玩家提供自由創作的空間，典型產品如 Mojang Studios 開發的《當個創世神》，這款遊戲可以隨機生成 3D 世界供玩家探索、互動。在遊戲中，玩家可以採集礦石、與敵對生物戰鬥、合成新的方塊、蒐集資源，甚至可以建造房屋，進行藝術創作，透過紅石電路、礦車及軌道實現邏輯運算與遠端動作。

《當個創世神》憑藉支援玩家自由創作這一優點，吸引了大量玩家進入。截至 2019 年，這款遊戲的手遊和端遊玩家合計已超過 4 億人，其擁有的優質創作數量已超過 5 萬份。沙盒遊戲憑藉強大的 UGC 生態，形成長線產品生命力，同理，元宇宙也可以以 UGC 生態為基礎不斷拓展邊界，創建一個健康、可持續迴圈的生態系統。

模擬遊戲透過模擬環境與行為實現高度擬真，滿足玩家對擬真度的要求。代表產品包括《模擬市民》(*The Sims*)、《歐洲卡車模擬》(*Euro Truck Simulator*)等，前者是在架空世界的基礎上開發的生活類模擬遊戲，後者是在現實世界的基礎上開發的卡車司機模擬遊戲。

這些遊戲的共同點，都是透過模擬環境以及行為方式，增強玩家的沉浸感，讓玩家可以在虛擬的世界中，產生真實的生活體驗和駕駛體驗等。未來，隨著 VR ／ AR ／ MR 等技術和設備的不斷發展，模擬遊戲的擬真效果將大幅提升，元宇宙也將在此基礎上，打造一個無限接近現實世界的虛擬世界。

3. 孩子必備的社交技能，線上玩遊戲

　　遊戲世界作為一個虛擬的空間，在滿足用戶休閒娛樂需求的同時，還能為人們想像力的發揮提供廣闊的空間。

　　隨著數位技術的發展，遊戲領域的潛能也進一步得到釋放，開發者和玩家能夠一起在遊戲世界中，創造出超越現實世界的場景，並獲得極佳的智慧互動體驗。借助先進的 VR ／ AR 等設備，人們與虛擬世界的距離將會不斷被拉近，而 5G 等行動網路技術的發展，也將進一步推動元宇宙時代的到來。

從求生、社會化到創造世界

　　關於遊戲的價值，可以參考哲學家弗里德里希・席勒（Friedrich Schiller）的一句話，他說：「**遊戲是人們利用剩餘的精神，創造的一個自由世界。**」由此可見，遊戲的價值不局限於傳統的社交價值、學習價值或藝術價值。由於人的本質是一種社會性動物，具有強烈的社交需求，因此遊戲的最終價值，是個體學習如何構建自我以及實現社會化。

　　廣義的遊戲是所有哺乳類動物──特別是靈長類動物──學習生存的基礎，是處於任何成長階段的個體都需要的一種行為方

式。比如，個體在幼年時期透過遊戲中的角色扮演，能夠產生強烈的自我意識，並加快自我構建的過程；而且，透過參與遊戲，個體還可以學習如何在集體中控制自己的行為，以更順暢的融入社會；更重要的是，對個體而言，其在遊戲中能夠獲得的自由，是超越現實世界、不受現實規則束縛的。

1981 年，第一個開放世界遊戲《創世紀 1》（*Ultima I*）推出，此時遊戲所追求的不再是單純的打鬥、競技或博弈，而是希望打造一個令人沉浸其中的虛擬世界。由沙盤遊戲演變而來的沙盒遊戲，則進一步提升了遊戲的等級，由於「創造」是該類遊戲的核心玩法，因此用戶在此類遊戲中擁有相當高的自由度，可以借助遊戲中提供的內容，打造自己獨創的東西。

世界最大的多人線上創作遊戲平臺《機器磚塊》，在沙盒遊戲用戶參與創作理念的基礎上，引入了更加開放的經濟系統和生態系統，使用者不僅可以自己創建遊戲內容，也可以將創作成果轉換為真實的物質收益。沙盒遊戲與元宇宙具有某個程度的共同性，即對自由度的追求；但兩者也存在明顯的差別。沙盒遊戲中遊戲的虛擬引擎，主要是為了還原現實世界的物理規律，而非在虛擬世界與現實世界之間建立連接，因此用戶沉浸感仍然比較低。元宇宙所追求的，則是獨立於現實世界之外的虛擬世界，對於虛擬身分和虛擬資產的要求更高。

此外，網路遊戲發展所呈現出來的另一趨勢為：遊戲的外延正不斷擴展，邊界逐漸向外擴大。疫情在全球的蔓延更加劇了這

一趨勢，網路遊戲的功能似乎已經超越了遊戲本身。因此，虛擬的場景以及玩家化身等特點，使得遊戲領域被公認是最有可能實現元宇宙理念的領域之一。

不是玩樂，而是體驗人生

當然，元宇宙的涵義不僅局限於社交或遊戲等特定的領域，而有其更深、更廣的內涵。元宇宙將從根本上改變人類對於自我的認知，社會的發展和技術的進步都會驅使我們向虛擬時空躍遷。元宇宙是人類在虛擬時空中存在的方式，而這種存在甚至超越現實世界所涵蓋的內容，更少受到物理規律的制約。

實際上，關於元宇宙的遐想在各種藝文作品中並不少見。比如，電影《駭客任務》（*The Matrix*）中的個體，都生活在一個名為「母體」的世界中；電影《阿凡達》中「Avatar」一詞即意為「分身」；影集《上傳天地》（*Upload*）中，個體死亡之後可以上傳自己的意識，實現數位層面的永生；影集《西方極樂園》（*Westworld*）所描繪的是人工智慧遊樂園。

隨著技術的發展，元宇宙將會以更為明確的形式呈現在人們眼前。屆時，元宇宙平臺所承載的功能將極其豐富，可以滿足用戶的多種需求，比如創作、社交、娛樂、教育等。在虛擬空間中進行這些社會性、精神性活動，用戶能夠得到極大的滿足感。個體可以透過元宇宙空間，滿足精神方面的需求，獲得心理慰藉；

依據自己的喜好，結交志同道合的朋友；依託平臺的支持進行創作，在發揮想像力的同時，獲得真實的報酬。總之，元宇宙的存在可以讓用戶獲得開放性、沉浸式的互動體驗。

需要特別說明的是，元宇宙之所以與網路遊戲等內容不同，主要的區別就在於：元宇宙能夠穩定堅實的承載個體的社交身分和資產權益。而財產權利的穩定性，正是一個社會能夠源源不斷提供幸福感的保障，元宇宙這一與現實世界相同的底層邏輯，也就使得其獲得了無限的發展潛力，任何個體都能夠借助元宇宙平臺的支持進行創造，並且創造的成果可以受到平臺保護。

因此，用戶在元宇宙中所進行的創作、交易等活動，與現實世界中的創作、交易等活動基本相同，不過，用戶在元宇宙中的活動具有更高的自由度，可以不受一些現實因素制約。比如，任何個體獲得土地使用許可後，都可以建造房屋、公園等，然後輕鬆進行交易。

元宇宙之所以能夠具備這樣的特性，離不開區塊鏈等技術的支撐。

4. 遊戲行銷變革：線上線下一起整合

　　在現實世界，品牌對消費者的爭奪已經達到了非常激烈的程度，而元宇宙的誕生，為品牌拓展出一個全新的行銷空間。在這個空間裡，Z 世代年輕群體是主要消費群體。對於這個群體來說，遊戲環境首先是社交空間，他們可以在這個空間相遇、合作、競爭、比賽、創造。虛擬遊戲與虛擬社交全面滲透人們的生活，為品牌創造了一個機會。品牌可以加入其中，成為元宇宙的一部分。具體來看，元宇宙與品牌、遊戲的結合，將帶來哪些優勢呢？

更高的整體性

　　品牌進入元宇宙往往會和特定的主題或流派綁定，實現更廣泛的產品結合。例如，未來當玩家進入虛擬遊戲時，可能會看到一場購物狂歡節，和雙 11 購物節、618 購物節相似，所有品牌都可以參加，透過虛擬偶像以更酷炫的方式，向玩家展示自己的新產品，並吸引玩家下單購買。玩家買下產品後，不僅可以在遊戲中獲得相應道具或者收藏級的 NFT，還能在現實生活中擁有該產品。當然，整個過程只在固定空間裡發生。

　　除此之外，玩家進入遊戲後，還有可能看到各種盛會，例如

時裝週。在時裝週上，玩家可以看到不同品牌展示衣服，如果對某件衣服感興趣，可以透過自己塑造的人物試穿，如果滿意則可以下單購買。玩家在遊戲中購買的衣服，也可以在現實中擁有。元宇宙打破了物理空間的限制，因此在元宇宙中，不同的品牌可以相互合作，以數位化的形式，創造一個個在現實生活中無法實現的場景。

更高的品牌自由度

在元宇宙中，品牌可以自主決定美學取向，收集數據以分析使用者的參與度，打造更精細、更極致的用戶體驗，進而帶動現實世界的產品展示形式發生巨大改變。

試想一下，品牌進入元宇宙之後，可以不受任何物理條件以及其他外部因素的限制，自由的獲取靈感、設計產品、塑造品牌形象、與用戶交流互動、為用戶客製化體驗、為用戶提供多元化的購買機會等。也就是說，在元宇宙中，品牌可以自由釋放所有想像力，將在現實世界無法實現的設想付諸實踐。

在元宇宙中，使用者可以自由交換產品，獲得超乎想像的購物體驗。此外，品牌還可以根據使用者需求不斷更新內容，緊跟文化發展浪潮，充分釋放品牌創意，創造出更能展現品牌文化、更符合消費者個性化需求的產品。

更靈活的行銷形式

在這個虛擬的世界中，每個行銷人員都可以找到植入品牌、發展品牌行銷的機會，可以完成在其他管道都無法完成的測試活動。在這個遊戲世界，品牌可以採用多種方式與消費者互動，除了常規的看板、影片、互動廣告外，有一些大品牌還推出了企業超現實虛擬人，將其作為打開元宇宙、在元宇宙開展行銷活動的祕密武器。

品牌推出虛擬人之後，就可以大膽探索與遊戲的合作方式以及與用戶的互動形式，例如品牌虛擬人獲得遊戲 IP 授權，結合遊戲特點創造出新的形象；虛擬偶像變成虛擬 NPC，設置品牌場景和品牌任務等。

除此之外，品牌還可以設想其他的行銷方式。例如，花西子（按：中國彩妝品牌）的虛擬人可以和古典風格遊戲合作，在遊戲中售賣胭脂水粉；青島啤酒的虛擬人「哈醬」可以與《和平精英》（*Game for Peace*）或是《絕地求生》（*PlayerUnknown's Battlegrounds*）等遊戲合作，在遊戲中設置青島能量補給站銷售啤酒；除此之外，在《永劫無間》（*NARAKA: BLADEPOINT*）進入戰場倒數計時環節，可以推出品牌促銷活動，邀請各大品牌的虛擬人在備戰地圖中開設店鋪，銷售品牌產品，玩家可以在店鋪中購買具有品牌特色的一次性裝扮與道具進入戰場。這種極盡真實的品牌與用戶的互動體驗，都可以在元宇宙的虛擬遊戲中實現。

在真實世界中，品牌與遊戲合作開展行銷活動並不罕見，並且誕生了很多成功的案例。例如，《夢幻西遊》與藝人張藝興、《鬼武者》與金城武、《孤島驚魂》與演員麥可‧曼多（Michael Mando）等。只是這些合作對明星資源的挖掘比較淺，只對明星形象進行開發使用，還有很多價值沒有挖掘。進入元宇宙時代之後，隨著各項技術不斷成熟，對明星資源的挖掘使用將更加徹底，品牌與遊戲的合作方式也將實現巨大創新。

隨著元宇宙接入金錢、身分、信任等元素，品牌與消費者將從單純的買賣關係，轉變為合作夥伴關係，他們之間不僅可以圍繞產品，還可以圍繞廣告與虛擬形象展開互動。品牌與消費者，藉由分散的商業活動聯繫在一起，既可以透過線下品牌的影響力，幫助遊戲產品打破原有的同溫層，又可以透過線上線下兩個管道，刺激玩家產生購買衝動，充分釋放用戶價值。

總而言之，在元宇宙概念火爆的當下，品牌要秉持開放心態，積極了解元宇宙，探索與 Z 世代消費群體互動的新管道。當然也要認識到，元宇宙在為品牌行銷帶來機會的同時，也帶來了很多挑戰。要抓住機遇，迎接挑戰，利用元宇宙帶領品牌行銷邁向新階段。

第 12 章

驅動傳統電商變革

1.線上逛街、線上試穿、線上體驗

在 VR、AR、人工智慧等技術的賦能下，消費者線上購物的過程中，將獲得更加豐富的資訊以及更加直觀的體驗。線上購物的發展可以追溯至電話購物，之後隨著網路的發展轉變為圖文電商，再到現在的直播電商、內容電商。在這個過程中，用戶透過平臺獲取的訊息量不斷增加，購物體驗持續提升。藉由直播電商，用戶可以獲取商品的完整資訊，更全面了解商品。

從傳播學的角度看，影片的傳播能力要比靜態圖文的傳播能力高很多。同時，隨著內容電商興起，小紅書、抖音、快手、Bilibili 等平臺湧現出一大批種草（按：意指經由推薦或介紹，引起他人購買此商品的慾望）網紅，他們立足於用戶需求，為用戶推薦產品，全面展示商品資訊以及使用感受，進一步豐富了消費者能夠獲取的資訊，並且顛覆了傳統的消費流程，對消費者的購買行為產生了極強的引導作用。

在元宇宙中，用戶的消費體驗將進一步提升。在 VR ／ AR 等技術與產品的助力下，消費者可以更直觀的獲取產品資訊，享受更具沉浸感的購物體驗。

醫美機構新氧推出一項 AR 檢測臉型服務。只要使用手機掃描臉部，就可以獲得自己的臉型資訊，還能獲得 App 推薦的妝容、

髮型、保養品以及專業的美容建議等；得物 App 則推出一項 AR
虛擬試鞋功能，用戶選好鞋型與顏色之後，點選「AR 試穿」就
可以看到試穿效果，減少了因實際穿著效果不如預期而引發的退
換貨需求。

2021 年 4 月，天貓 3D 家裝城正式上線，這個平臺將搭建一
萬多套 3D 空間，將線下的 Cabana、北歐風情 Norhor 家居集合店
等線下家居賣場搬到線上，並和全友、林氏木業等品牌合作，搭
建不同風格的 3D 空間，讓消費者體驗到線上逛街。為了這個專
案，阿里巴巴自主研發了一套免費的 3D 設計工具。在這款工具
的支援下，商家只需要上傳商品實物圖，就可以獲得高清商品模
型，大幅簡化了建模方式。另外，在這個 3D 家裝城中，消費者
可以近距離查看商品細節，獲取自己所需的資訊，還可以將多件
商品放在一起查看搭配效果，甚至可以自己動手布置家居場景，
盡情想像這些產品進入自己的家後，為家庭生活帶來的改變。

雖然元宇宙是一個虛擬空間，但它能帶給品牌的行銷機會卻
是真實的。未來，電商行業將從業者結構開始發生改變，企業電
商的占比將減少，個人電商的占比會提升。因為一些人可以在元
宇宙中創造內容，將其轉化為現實的收益，不需要依賴線下的收
益生存。隨著進入元宇宙「謀生」的人越來越多，元宇宙有可能
成為一個比現實世界大上數倍的經濟體。

在元宇宙中，電商行業將呈現出遊戲化的發展趨勢，以沉浸
式的體驗顛覆舊有的購物方式。消費者可以透過遊戲化的方式購

物，也可以透過購物的方式模擬一場遊戲。雖然很多人將元宇宙形容為與現實世界對立的平行宇宙，但其實兩者是相互融合的。隨著真實世界的所有空間都出現在元宇宙，電商必將呈現出線上線下相融合的狀態。在這種情況下，電子商務的概念也就將隨之消失。

總而言之，沉浸式消費將成為元宇宙流行的消費趨勢，將帶給消費者與眾不同的消費體驗。而且，沉浸式消費的內容極豐富，除了常見的日用品、服裝、鞋包、家居用品外，消費者還能體驗到 AR 房屋裝修、遠端看房、比較旅遊景點等服務。借助可穿戴設備和觸覺傳達技術，使用者獲得的商品資訊將大幅增加，可以享受到更具沉浸感的購物體驗。

2. VR 購物：重構人、貨、場的關係

　　從過去幾十年的發展實踐來看，一旦某個新興行業呈現出巨大的發展潛力和廣闊的發展空間，就會立即吸引大量資本進入，VR 購物就是如此。隨著消費需求不斷升級，驅動商業模式不斷創新，快速發展的 VR 技術，可以帶給消費者更真實的線上購物體驗，因此備受消費者青睞。於是在資本的推動下，VR 市場迅速崛起，吸引了各行各業的領頭企業前來布局。

阿里巴巴的造物神計畫

　　阿里巴巴可以說是 VR 電商最早的實踐者。早在 2016 年，阿里巴巴就推出 Buy+，利用 VR 技術打造了一個虛擬的購物空間。使用者可以戴上 VR 眼鏡走進這個空間，進入裝修精美的店鋪，挑選產品，查看產品訊息，向虛擬服務人員諮詢，將想要購買的產品加入購物車，並結帳付款，整個過程和線下購物非常相似。Buy+ 的出現帶給消費者一種全新的購物體驗。

　　2017 年，阿里巴巴又推出「造物神」計畫，計畫聯合眾多商家，建設一個規模最大的 3D 商品庫，並試圖利用 VR 技術，將 10 億件商品以 1：1 復原，進一步優化消費者在虛擬世界的購物

體驗。經過幾年時間的努力，工程師已完成了數百件高度精細化的商品模型，下一步就是為商家開發標準化工具，簡化建模流程，實現批量建模，支援商家打造 VR 購物服務，滿足消費者的 VR 購物需求。

在硬體方面，阿里巴巴將以天貓、淘寶兩大電商平臺為依託，搭建 VR 商業生態，推進 VR 設備普及應用，並積極的推動 VR 硬體廠商的技術革新與發展。VR 購物將大大顛覆人們的日常生活，讓消費者利用零碎時間完成購物，縮短消費者與商品直接的視覺感知距離，讓消費者更直觀的了解商品，做出更合理的購物決策，減少退換貨的發生。

海淘購物：衝破消費體驗痛點

海淘購物（按：意指在國外、海外的購物網站購買商品）讓人們不用出國就可以購買海外產品，滿足了人們對高品質生活的追求，但因為物流不便，海淘產品基本上並不支援退換貨。同時，海淘產品因為生產批次不同、產地不同，產品品質可能存在一定的差異，而消費者只能透過圖片和文字了解這些資訊，即使最終到手的商品與網路上看到的商品不符，或者商品沒有達到自己的預期，也只能收下。

隨著直播電商的興起，影片直播代購在一定程度上解決了這一問題。直播電商利用視覺化技術多角度展示產品，可以讓消費

者獲取更多產品資訊，全面了解產品，增強購買信心，降低退換貨機率。但事實證明，即便是影片直播代購也無法消除假冒偽劣商品問題，無法徹底打消消費者的疑慮。

那麼，借助 VR 技術，海淘購物能否解決這一問題呢？在 VR 技術的支援下，海淘消費者可以走近產品，像在真實場景中購物一樣檢查產品，了解產品的各種資訊，確保最終收到的產品與圖文詳細描述的產品一致，盡量減少因產品不符合描述、產品沒有達到預期卻無法退貨的問題發生。同時，豐富的 VR 產品資源庫，可以滿足海淘消費者更強烈的長尾商品需求（按：長尾理論是指只要通路夠大，即使非主流、需求量小的商品總銷量也能夠和主流的、需求量大的商品銷量抗衡），解決線下實體店因為空間有限無法展示所有商品，或者消費者時間有限而無法了解所有商品的問題。

宜家 VR：體驗廚房設計

家具是一種比較特殊的產品，消費者在線下家具賣場購買，雖然可以真實的觸摸到產品，更詳細的了解產品資訊，但比較花費時間，而且線下商場的空間有限，能夠展示的產品也有限；若在線上購買，又擔心產品與描述不符、退換貨成本過高，或者有無法退換貨的問題。

為了打消消費者線上購買家具產品的顧慮，宜家（Ikea）推

出了一款 VR 應用程式——IKEA VR Experience，這款應用程式
可以讓消費者走進虛擬空間，體驗宜家的廚房。在這個過程中，
消費者可以在虛擬廚房中四處走動，找到可以打開的抽屜、選擇
櫥櫃的顏色、拿起放在爐子上的平底鍋等。這款應用程式可以根
據消費者的身高為其提供不同的視角，例如成人視角、兒童視角
等，還可以讓物品實現瞬間移動。

最終，消費者可以根據自己的喜好，結合體驗到的產品效果
選擇產品，並參考設計師的意見，打造自己理想的廚房。這款軟
體帶給消費者一種全新的購買家居產品體驗，消除了消費者的顧
慮，提高消費者購物的滿意度，降低產品的退貨率，實現了雙贏
的局面。

體驗式消費的完全體進化

體驗式消費可以提高消費者的購買意願，VR ＋電商就是一種
體驗式消費模式，為傳統電商行業的轉型發展提供了一個新方向。
需要注意的是，VR 電商只能模擬部分體驗式消費場景，無法解決
傳統電商行業日漸衰頹的問題。VR 電商延續了傳統電商的模式，
只不過提升了商品的服務價值而已。這樣一來，傳統電商就有了
清晰的體驗式消費模式升級路線，即以 VR 電商為代表的線上體
驗式消費，與線上＋線下的體驗式消費相結合，共同推動傳統電
商轉型升級。

3. NFT 電商：下一個超級風口

作為一種可編程通證，NFT 具有可溯源、有價值、不可篡改等特性，是元宇宙經濟體系不可缺少的構成部分。接下來我們對 NFT 的價值核心進行詳細分析。

NFT 的潛在應用場景有很多，目前討論最廣泛的就是其商業模式。

· NFT ＋藝術品拍賣：NFT 引起廣泛關注，源於天價拍賣。

從 2018 年開始，加密藝術品展商 SuperRare 和 KnownOrigin 就開始協助藝術家線上發行作品並推廣，同時，全球大型 NFT 交易平臺之一的 OpenSea 開始進行藝術品拍賣。這些藝術品之所以能夠以極高的價格成交，就是因為稀少性。

NFT 為數位藝術品附加獨一無二的鏈上 ID，使得每一幅數位藝術品都可以溯源確權，成為稀有品。同時，在 NFT 的支持下，藝術品實現了控制權和編輯權分離，藝術家享有作品修改權，而且可以獲得作品的永久股權。這一功能得到了藝術家和持有者的共同認可。為了享受這類服務，越來越多的藝術家開始投入 NFT 數位藝術品的創作，為收藏家的寶庫增添了更多獨一無二的珍品。

．**NFT ＋運動卡片**：2019 年 7 月，NBA 成立合資企業，NBA 球員協會和 Dapper Labs 共同創建了 NBA Top Shot。這是一個基於 Flow 區塊鏈打造的虛擬籃球交易卡，可以讓人們將令人驚豔的比賽、難忘的精彩場面，轉化成能永遠擁有的收藏品。截至 2021 年 1 月，NBA Top Shot 共完成了五筆交易，總交易額 20,000 美元。此外，還以 71,000 美元的價格出售了一張特殊的勒布朗・詹姆斯（LeBron James）球員卡。

NFT ＋運動卡片是以巨大的球迷市場為依據而形成，在球星的影響下，粉絲收集 NBA 精彩時刻的熱情會不斷高漲，進而帶動 NFT ＋運動卡片市場蓬勃發展。有人稱「NBA Top Shot 是交易卡市場的未來」。隨著越來越多的明星球隊加入，數位足球 NFT 收藏平臺 Sorare 或許會成為下一個 NBA Top Shot。

．**NFT ＋盲盒**：近兩年，盲盒市場異常火熱，兼具藝術性和探索性的盲盒成為新的消費熱點。開盲盒的過程充滿了不確定性，就像蒙著眼睛在一個糖果盒裡選糖果一樣，永遠不知道拿出來的是什麼。消費者打開盲盒，如果看到的是一個自己相對滿意的商品，就能獲得極大的滿足感。

全球七十多名藝術家聯合創作的 NFT 數位身分盲盒 Hashmasks 共 16,384 份，上線 5 天全部售罄，總交易額達到了 1,434 萬美元。購買者可以為這個盲盒命名，在增加其稀缺性的同時，還能成為使用者數位身分的象徵。

憑藉這種獨有的趣味性，再加上藝術品獨特的藝術性，NFT
＋盲盒市場未來將有很大的發展空間。

・ **NFT ＋遊戲**：遊戲行業是最先嘗試引入 NFT 的領域，
在虛擬世界、網路遊戲、收集類遊戲、卡牌類遊戲等，都能看到
NFT 的身影。也就是說，NFT 已經在遊戲領域實現了廣泛應用。

其中的典型代表，就是基於區塊鏈的 TCG 遊戲（Trading
Card Game，交換卡片遊戲）《Gods Unchained》，這款遊戲的風
格與《爐石戰記》（*Hearthstone*）非常相似，不同之處在於，這
款遊戲的玩家享有卡牌的所有權，可以自由買賣，為玩家提供了
更好的遊戲體驗。

隨著 NFT 不斷發展，在 NFT 的加持下，傳統遊戲中的裝備、
寵物、角色都可以轉化為資產，由玩家持有、交易。這樣一來，
玩家在娛樂的同時，也能獲得一定的收益。

古董藝術品投資與房地產、股票，並稱為國際公認的三大投
資市場。根據歐洲藝術和古董博覽會（The European Fine Art Fair
，簡稱 TEFAF）發布的報告，藝術品市場每年交易額大約為 4,000
億至 5,000 億元，而中國可挖掘的藝術品投資市場的規模，大約為
6 兆元，再加上繁盛的文娛產業，整個市場的發展潛力不可估量。

NFT ＋藝術品之所以具有如此大的發展潛力，主要得益於
NFT 憑藉自身的特性為商業活動與模式帶來的改變。

‧ **在 NFT 的支援下，傳統商業模式可以降低交易門檻，吸引更多人和資金**：以藝術品拍賣為例，傳統的藝術品拍賣門檻很高，可以說是有錢人的遊戲，只能吸引一小部分人參與。而在NFT 的支持下，每個人都可以參與 NFT 藝術品拍賣，在多人競標的推動下，拍賣品的價格可能會創下新高。再加上，NFT 不只可以與大師作品結合，也可以和普通人的作品結合。將普通作品NFT 化，不僅可以為拍賣市場增加拍賣標的，還能創造很多小額拍賣市場，積少成多，為藝術品拍賣市場的壯大做出貢獻。

‧ **NFT 可以將無法變現的虛擬物品，轉化為可以交易的資產，創造一個巨大的虛擬物品交易市場**：例如，玩家在遊戲中獲得的道具和金幣，往往只能在遊戲內流通，無法變現。但與 NFT結合之後，用戶在 NFT 遊戲中獲得的道具、金幣等都可以變現，這將創造一個巨大的市場。

‧ **NFT 與線下實體相結合，可以將影響力變現**：NBA Top Shot 就是將影響力變現的典型代表。作為一個得到 NBA 官方認可的數位資產，在開卡等機制的作用下，形成了具有稀少性的資產。再加上一個對所有人開放的交易平臺支援，在多人競標模式下，就將這個稀少性資產的價格推上了高點，最終創造出一個金額巨大的市場。

4.區塊鏈在電商領域的應用

網路電商的出現，改變了傳統面對面的交易方式，使處在不同空間的買賣雙方，可以遠端達成交易協定。買方先付款，賣方後出貨，但因為資金的流動速度與商品的流動速度不一致，為了避免買家收到帳款後不出貨的情況發生，電子商務平臺推出了第三方信用擔保服務。

電子商務平臺的核心優勢主要是便利，其能夠承載大量產品展示與海量交易資料。但隨著行業不斷發展，電子商務平臺也面臨一系列問題，主要表現在供應鏈管理、資料安全、市場透明度等方面。區塊鏈的出現則為這些問題提供了解決途徑，具體分析如下。

優化支付方式

目前，國際電子商務支付仍以美元作為主要貨幣，手續費比較高，轉帳時間比較長。即便採用 PayPal 和 Skrill 等付款方案，也仍有一些問題亟待解決。在目前使用的付款方案中，第三方支付平臺將對每筆交易收取 2% 到 3% 的服務費，而且會暫留帳款。

去中心化的區塊鏈就是要取代第三方支付平臺的作用。以區塊鏈技術為基礎，構建新型網路金融體系，支援買賣雙方直接交

易，利用密碼學技術保證交易安全。只要買賣雙方達成意見一致，就可以直接交易，無須第三方平臺參與，為買賣雙方節省了大筆費用。簡言之，在支付層面，區塊鏈技術可以降低交易成本，提高安全標準，提供一個令買賣雙方都滿意的交易方案。

改善供應鏈體系

供應鏈問題已經成為制約電子商務發展的核心問題。電商供應鏈由物流、資訊流、資金流組成，串聯了供應商、製造商、經銷商、使用者等多個主體。改善供應鏈，是區塊鏈在電商領域的重要應用之一；作為一個大規模協同工具，憑藉資料不可更改、不可破壞的特點，非常適合用於管理供應鏈。

在電商供應鏈中，可以經區塊鏈傳輸的資料有很多，具體包括保險、發票、託運、運輸以及提貨單。區塊鏈可以提高供應鏈的透明度，讓消費者看到產品的運輸流程，以增強其消費信心。

數據安全與隱私保護

資料存儲是電子商務平臺一個非常重要的問題。買賣雙方想要透過電子商務平臺開展交易活動，首先要提供一些基本資訊，例如姓名、身分證字號、性別、年齡、電話等。此外，在交易過程中，支付資料也要在平臺流通。這樣一來，電商平臺就獲取了

大量資料，並將這些數據存儲在中央伺服器中。但如果中央伺服器的安全性不佳，就非常容易受到攻擊，導致使用者資料洩露。若利用區塊鏈，可以打造一個去中心化的電商平臺，平臺便無須存儲使用者資訊。在這個去中心化的系統中，使用者自己掌握自己的資料，大幅降低了資料外洩風險。

提高交易透明度

目前，電商平臺面臨的最大問題，就是交易過程不透明。區塊鏈技術可以解決這一問題，提高交易的透明度，增強買賣雙方的互信。在區塊鏈技術的支援下，每筆交易都可以記錄在共用分類帳本中，無法被修改，相關資料非常安全、高度透明，而且可追溯。

總而言之，區塊鏈技術可以解決電商行業的許多問題。因此，阿里巴巴、亞馬遜等電商巨頭，紛紛開始在區塊鏈領域布局，並與科技公司聯合開發區塊鏈專案。未來，在區塊鏈技術的賦能下，電商行業將實現轉型升級，邁入全新的發展階段。

第 13 章

席捲全球的場景行銷

1. 真人太難搞，
虛擬代言人好聽話

　　隨著元宇宙的概念不斷流行，人們對元宇宙的興趣持續增加，消費者的消費觀念、消費行為開始改變，一些品牌開始嘗試從中挖掘新的行銷機會。雖然元宇宙的構建剛剛開始，但一些前沿品牌和行銷人員已經看到趨勢，例如數位支付、行銷遊戲化、共用社交空間等，並利用這些趨勢，打造出一些成功的虛擬娛樂行銷事件。

　　隨著企業在元宇宙領域積極布局，再加上 Z 世代消費群體占比不斷提升，對行動裝置高度依賴的人口數量不斷增長，影片內容消費與社交媒體的滲透性越來越強，市場也將出現一些新的行銷機會。

　　全球行動行銷協會（Mobile Marketing Association，簡稱 MMA）研究稱，虛擬的元宇宙可以為品牌帶來真實的增長機會。尤其是在與 Z 世代互動方面，打通了虛擬世界與現實世界的元宇宙，更能迎合他們模糊線上虛擬體驗和線下真實體驗的消費理念。

　　為了適應元宇宙創造的行銷生態系統，品牌要基於數位化身、數位商品和收藏品、虛擬文娛和 AR 等要素，為消費者創造新的消費體驗。而隨著新的消費體驗越來越多，行銷場景也將得以隨之重構。

在中國市場，隨著智慧型行動終端裝置的滲透率持續增加，形成了一個對行動裝置高度依賴的大規模群體，再加上影片內容消費與社交媒體的滲透性越來越強，為數位行銷的開展奠定了良好的基礎。另外，雖然中國與其他國家一樣都處在元宇宙創建的早期，但相較於西方發達國家，中國的 VR 硬體與設備尚未普及，使得元宇宙的行銷場景有了不同的表現。

目前，中國的行銷生態是以短影片和直播為核心構建起來的。對於品牌來說，拍攝短影片展示商品或者透過直播行銷，已經成為觸及消費者的常態。在這種行銷模式下，角色是一個非常重要的組成部分，但角色帶來的風險也明顯增加。

很多品牌會請明星來當代言人。如果明星口碑較好，自然會給品牌帶來更多流量；如果明星口碑下跌、形象崩塌，也會對品牌造成不良影響。最重要的是，這種風險無法提前預測而且不可控。隨著明星「翻車」事件越來越多，很多品牌開始降低對明星代言人的依賴，嘗試透過其他方式塑造品牌形象、開展行銷，例如聘請主播進行直播累積私域流量（按：相較於在公開領域、平臺而言，由品牌自主經營，與社群內顧客擁有高度互動與連結的自媒體平臺之流量）。但這種方式也存在一定的風險，如果主播離開，可能會帶走一批私域流量。

為了規避這類風險，一些品牌開始嘗試打造虛擬形象或者虛擬偶像作為代言人，掀起了虛擬人代言熱潮。例如中國蜜雪冰城的雪人就是一個虛擬代言人，一排雪人合唱「蜜雪冰城甜蜜蜜」

的影片在網路上廣泛傳播。

再例如，萊雅（L'Oréal）推出虛擬偶像 M 姐、歐爺作為品牌的代言人，並在新品發布會或者直播活動中與 M 姐、歐爺視訊連線，試圖將它們打造成一個鮮活立體的形象，讓它們代表集團對外發聲。此外，一汽豐田（FAW Toyota）、歌力思（ELLASSAY）、雀巢（Nestle）、屈臣氏等多家公司也推出了虛擬偶像。對於品牌來說，**塑造虛擬偶像有兩大意義：一是規避真人偶像帶來的各種風險，二是順應元宇宙的發展趨勢。**

在中國市場，隨著內容電商強勢崛起，越來越多的品牌開始打造虛擬偶像，並讓虛擬偶像在直播拍賣、線下促銷等多種場合出現，提高消費者對虛擬偶像的關注度與認知度。對於品牌來說，虛擬偶像的構建有助於其進入元宇宙。一旦元宇宙建設完成，品牌的虛擬偶像就可以迅速進入其中，搶得先機。

2.元宇宙＋行銷的應用場景

「元宇宙＋行銷」大有可為，可以創造很多應用場景，我們接下來對其中具有代表性的幾個應用場景進行分析。

開放的遊戲場景

遊戲被稱為元宇宙的初級形態，所以遊戲領域產生了很多元宇宙產品。因為在目前的技術水準下，以遊戲為載體構建虛擬世界與現實世界互動最為方便。

在國外，2019 年，《要塞英雄》舉辦的 Marshmello 演唱會，吸引了 1,070 萬玩家參與；2020 年，《要塞英雄》與，饒舌歌手崔維斯·史考特合作舉辦的演唱會，吸引了 2,770 萬觀眾觀看；同時，《當個創世神》舉辦的虛擬音樂節 Block By Blockwest 也吸引了十萬多名用戶，導致伺服器一度崩潰。

2021 年 9 月，愛奇藝發布了一款新的 VR 一體機產品——「奇遇 3」，這款新產品的發布代表著愛奇藝正式進軍元宇宙。為了做好 VR 遊戲的開發，愛奇藝成立了專門的工作室，未來，愛奇藝可能推出更多第一方遊戲，這麼做有很多優點，例如可以和自家設備有更好的相容性，為玩家提供更優質的遊戲體驗等。

相信在未來很長一段時間，元宇宙都將以遊戲的形態呈現，

吸引更多用戶參與體驗。

核心的社交場景

　　目前，市面上大多數 VR 產品主要應用於遊戲領域。但相較於遊戲場景來說，可以帶給用戶超強沉浸感的 VR 產品更適合應用在社交場景中。未來，借助 VR 設備，處在不同空間的人們或許可以面對面聊天、開會、聚會等。基於這一設想，祖克柏將臉書改名為 Meta，重新定義產品的發展方向——虛擬世界中的社交平臺，讓用戶在家就可以獲得更真實、更有沉浸感的社交體驗。

　　社交軟體 Soul 憑藉社交元宇宙這一概念迅速發展，在社交軟體中的地位不斷提升，躋身流量頂端。在 Soul 中，每個用戶都有一個專屬的虛擬身分，可以獲得平臺推薦的好友和內容，創建自己的社交群體。同時，用戶還可以加入聊天室、參與狼人殺等互動遊戲，體驗到多元化的社交，而不只是聊天。未來，在 VR 設備的支援下，Soul 將進一步升級平臺功能，帶給用戶更多元化、更極致的社交體驗。屆時，聊天室可能變成一個真正有朋友在場的空間，品牌可以在其中開展行銷活動。

中國的影片場景

　　一些品牌為了進入虛擬實境市場，嘗試與虛擬人合作，打通

影片平臺通道。例如在中國，屈臣氏將日本虛擬偶像 IMMA 印在氣泡水瓶身包裝上。消費者掃描瓶身的二維條碼，就可以進入程式觀看啟動氣泡的動畫。此外，屈臣氏還為 IMMA 打造了一支電視廣告，拍攝過程中用到了好萊塢運動控制拍攝系統（Motion Control），將真人實拍、3D 動畫和視覺特效合成相結合，製作出一部視覺效果極佳的廣告片，宣傳片一發布就引起了熱議。除了屈臣氏外，SK-II 也邀請 IMMA 與品牌常駐合作明星共同拍攝廣告片。IMMA 以外，SK- II 官方還宣布了另一個虛擬偶像 Yumi 擔任品牌代言人。

2021 年 7 月，鍾薛高（按：中國雪糕品牌）宣布與虛擬偶像阿喜合作，邀請阿喜擔任「鍾薛高特邀品鑒官」，並為阿喜拍攝了廣告片，同步推出季節限定口味雪糕。憑藉阿喜甜美清新的特點，鍾薛高快速收穫了一批年輕粉絲。

總而言之，無論將元宇宙匹配到何種行銷場景中，品牌都能找到合適的產品來獲取紅利。雖然元宇宙是一個新概念，而且是一個虛擬的空間，但確實能夠為品牌帶來行銷機會，幫助品牌實現更好的發展。

3. VR 廣告點閱率高達 30%

　　作為一種新型行銷方式，虛擬實境行銷已經給傳統行銷行業帶來了許多改變。越來越多的企業及品牌選擇 VR 行銷，紛紛開始加大對該領域的投資，並就相關資源展開激烈的爭奪。儘管 VR 行銷對企業的資金能力要求較高，這種新型技術也並未積累到足夠的用戶，且 VR 的發展及應用尚未成熟，但它依然吸引了諸多企業的參與。由此可見，VR 行銷具備獨特的優勢，是其他行銷方式無法比擬的。那麼，相較於傳統行銷模式，VR 行銷的優勢究竟展現在哪些方面？

　　能夠使消費者深度參與其中，是 VR 行銷的關鍵優勢。在 VR 行銷誕生之前，無論何種行銷方式，都無法實現產品與消費者之間的深度互動。立足於消費者體驗的角度來分析，包括報紙、雜誌、傳統戶外廣告及數位媒體在內的所有行銷方式，都以單向資訊傳播為主。舉例來說，消費者看到看板上的廣告、閱讀報紙、瀏覽網頁出現的資訊等，都僅限於被動的進行資訊接收。隨著數位行銷的深入發展，消費者在資訊傳播過程中的參與度明顯提高，企業在行銷過程中添加了許多娛樂化元素，推出 H5（按：在微信中發文的一種連結，點開後會在行動裝置端的微信內部瀏覽器，開啟行銷或活動網頁）新型廣告，增強了對消費者的吸引力。

深度互動：身臨其境的沉浸式體驗

在實現深度參與方面，VR 行銷比其他行銷方式更具優勢，VR 行銷能夠從三個方面提升用戶體驗：首先，在 VR 廣告中，消費者可作為其中的角色，引導劇情的展開；其次，VR 能夠為消費者營造一個逼真的虛擬世界，使其產生身臨其境之感；最後，企業應用 VR 技術，能夠將消費者帶到遠在千里之外的異國，或者是海底、外太空等，為其打造全新的情境。

VR 行銷方式能夠將體驗者帶入廣告情景中，其原理與遊戲類似。企業在實施 VR 行銷時，需要為體驗者進行角色設定，且要保證該角色對體驗者具有足夠的吸引力，能夠有效提高使用者參與的積極性，還能引導情節的發展，如此一來，企業的 VR 行銷才能使體驗者產生深度沉浸感。

重塑品牌：有效提升用戶轉化率

某 VR 廣告行銷平臺的調查結果顯示，VR 廣告的使用者點閱率可達 30％左右，相比之下，傳統 PC 端廣告的點閱率僅有 0.4％，手機廣告也只有 1％。再來分析一下不同廣告形式的使用者轉化率，傳統 PC 端廣告的轉化率為 0.2％、手機廣告的轉化率為 0.5％、VR 廣告的用戶轉化率則為 1.2％，遠遠超出前兩者。

之所以會出現這種情況，一方面是因為 VR 的應用尚未普及，

不少消費者在進行 VR 體驗的過程中，不會將其視為廣告或宣傳片，而是認為自己在觀看影片，且對這種新型體驗充滿期待。因此，雖然有的 VR 影片能夠以 2D 方式呈現出來，但在得知該影片為 VR 版本之後，觀眾們都會選擇配戴 VR 設備進行體驗。

另一方面，因為參與 VR 廣告體驗的使用者在多數情況下已經認可了該品牌，相比於其他用戶，他們更容易成為該品牌的消費者。以推出 VR 試駕體驗的汽車公司為例，消費者在體驗過程中能夠了解汽車內部的裝飾、汽車駕駛的性能等；如果是食品品牌推出的 VR 廣告，可在廣告內容中向體驗者展示食品材料的生產、加工過程，讓體驗者能夠親眼見證其生產流程的安全性。這種 360 度的展示方式，比傳統資訊傳播更具渲染力。

此外，VR 行銷能夠提高品牌的影響力。在現階段，VR 的適用場景主要集中於辦公室、商店展覽區或者消費者家中。這些相對固定的場景比較適合消費者進行深度體驗，能夠有效拉近品牌與消費者之間的距離。在今後的發展過程中，VR 將延伸至更多細分領域，企業透過 VR 行銷，能夠有效提高品牌影響力，樹立良好的企業形象。

海量數據：真實展示產品與服務

VR 的主要優勢，還顯現在能夠獲取海量資料，並根據消費者的個性化需求，量身打造產品；以及全面展示產品與服務，滿

足消費者的體驗需求。

· **獲取海量資料**：利用 VR 平臺，企業能夠收集消費者的行為特徵及相關資訊。具體而言，行銷者能夠追蹤消費者的行為，獲知消費者的關注點及個人興趣。舉例來說，行銷者透過 VR 平臺，能夠了解到某用戶路過了一家鞋包店，進入某服裝店內，在店中用虛擬體驗技術試穿了幾件洋裝，並簡單瀏覽其他款式的服裝。透過這種方式，行銷者能夠獲取到海量的資訊，透過資料分析，掌握消費者的個性化需求，並滿足消費者的體驗需求。

· **全面展示產品與服務**：消費者在進行產品選購的過程中，都希望店家能夠全方位展示商品。在傳統模式下，企業主要採用圖片或影片形式進行商品展示，但消費者很難只透過這兩種方式，就全面且深入的了解商品。相比之下，VR 技術則能夠解決這個問題，滿足消費者對產品或服務的體驗需求。

VR 行銷能夠為消費者營造逼真的視聽體驗，進行全方位的動態情景展示。例如，有一位粉絲因故無法參與現場演唱會，便可以透過演唱會的 VR 體驗彌補這個遺憾。

在企業行銷過程中，很多因素都會影響人們的體驗效果，具體包括：影片及音訊的呈現效果、聲音細節、空間呈現效果、背景處理等。目前，VR 技術仍然無法模仿人們感知細節，但從整體上而言，VR 行銷足以為消費者打造極致化的體驗。

4. 旅遊業與房地產業，VR 行銷新寵兒

在 VR 行銷之前，企業採用的數位行銷方式，僅限於展示產品的特性及功能資訊。VR 行銷進一步開拓了行銷者的思路，因為 VR 技術能夠為體驗者打造生動的場景，使企業的服務達到消費者預期，進而推動企業的發展。

以 VR 高空彈跳為例進行分析，現今的虛擬高空彈跳體驗，能夠帶給參與者十分逼真的感覺，讓用戶在家中就能體驗到其極限與刺激的感受。擁有冒險精神的參與者，在體驗過 VR 高空彈跳之後，可能就會想付費參與真正的活動。

另外，在進行 VR 體驗的過程中，消費者可能獲得預料之外的驚喜，就算 VR 體驗無法為消費者帶來春風拂面的感覺，但仍然能夠使消費者產生心理上的愉悅乃至興奮感。

VR 體驗並無法從根本上取代真實的體驗，不過對於以國家地理（National Geography）為代表的冒險類或運動類品牌而言，VR 體驗的確能夠有效吸引目標消費者，增強品牌與消費者之間的連接。企業可透過內容行銷來實現品牌推廣，對目標消費者進行準確定位，這種傳播方式類似於傳統模式下，企業在網路平臺發布廣告影片或焦點話題，促使人們自發傳播吸引更多用戶，達到提升品牌價值、實現品牌推廣的目的。

在實施內容行銷的過程中，企業首先要做的是吸引潛在消費者的注意力，VR 的作用就在於此。舉例來說，某汽車公司運用 VR 技術，推出一款賽車遊戲，在遊戲當中運用該品牌的汽車模型。但這種行銷方式只能初步獲得目標消費者的關注，在選購產品時，消費者還會對汽車的品質、性能等多種因素進行考量。

隨著技術水準的提高，企業的體驗行銷也會逐漸升級，這種行銷方式發揮的價值也就會增大。比如，一直在加班的年輕人，透過 VR 體驗感受到了旅行的樂趣，他可能會立即付諸行動，到宣傳片中推薦的旅遊地點放鬆身心。

如今，場景化行銷模式已經被應用到諸多領域，而 VR 在場景營造方面具有先天的優勢。VR 能夠為消費者打造生動的虛擬場景，讓體驗者如同置身在不同於現實世界的另外一個世界。相比傳統的行銷方式，VR 更加直觀、全面，對消費者的感染力更強。所以，在 VR 誕生並獲得初步發展時，一些具有洞察力的企業就認識到了這種新型行銷方式的價值所在。

VR 行銷在資料收集、產品展示、個性化客製方面具有較大的優勢，能夠為各行業的行銷提供諸多便利，將自身的行銷內容與目標消費者的生活場景連接，推廣自身的產品及品牌。

在虛擬精緻度方面，VR 行銷表現最佳的兩個領域就是旅遊行業與房地產行業。在旅遊行業的行銷中，消費者使用 VR 設備，就能看到峇里島的美麗風光，感受那裡的沙灘、海浪、特色建築。同時，VR 在房地產行業的應用價值也十分突出，透過配戴 VR 設

備，消費者能夠提前感受未來的居家環境。

但旅遊與房地產行銷對 VR 應用的要求，要遠遠超過上文中提到的虛擬演唱會。演唱會只須為用戶提供完美的視聽體驗，但旅遊及房地產行銷要做的不只如此。雖然 VR 體驗能夠免去長途奔波之苦，但這種體驗與實際到峇里島旅遊還是有很大區別，算不上是一場虛擬旅行。現階段的 VR 應用，只能滿足旅遊及房地產消費者的預覽需求。但相信隨著技術水準的提高，VR 將為消費者提供更加極致化的體驗，打造全方位的體驗服務。

在零售行業，VR 的應用已經對人們的消費行為產生了影響。比如服裝店利用 VR 技術推出虛擬試衣間，方便消費者了解服裝的款式及穿著效果；餐飲行業利用 VR 技術，能夠讓消費者體驗食物的製作流程等。

全球最大的蔓越莓產品生產商優鮮沛（Ocean Spray）出產的蔓越莓乾，在多個國家熱銷，但很少有人見過這種漿果豐收的壯觀景象。如今，優鮮沛推出主題為「The Most Beautiful Harvest」的 VR 版宣傳片，能夠讓更多人領略蔓越莓豐收季節，漫山鮮豔欲滴的果子彷彿就出現在眼前的盛景。

虛擬實境技術的崛起及其在廣告行業的應用具有廣闊的發展前景，如今，不少科技企業及廣告公司都在 VR 領域展開布局，不僅豐富了行銷模式，還能為企業達到行銷目的，鞏固自身的市場地位。那麼，VR 的價值具體表現在哪些方面呢？

· **給消費者帶來新鮮體驗**：虛擬實境技術走在新興科技發展與應用的前端，給消費者帶來不同於傳統模式的新鮮體驗，成功吸引消費者的關注，進而實現企業的產品與品牌推廣。

· **吸引消費者的目光**：虛擬實境技術營造的世界具有高度沉浸感，能有效吸引消費者的目光，提高他們參與的積極性。調查結果顯示，與傳統廣告相比，VR 廣告能夠給消費者留下更深刻的印象，且短期內不會被消費者遺忘。未來，除了汽車、零售業、旅遊、房地產以外，VR 廣告行銷方式將應用在更多領域。

· **引起消費者的共鳴**：如今很多企業都採用內容行銷方式，但在該模式的具體實施過程中，仍然存在許多問題，比如，在故事講述過程中，既要添加感性元素，又要以理性方式將產品的特性表現出來，有些企業無法正確處理好感性與理性之間的關係，其行銷就難以獲得目標消費者的關注。VR 則能夠幫助行銷者解決這個問題，在真實、全面展示產品的同時，從情感上引起消費者的共鳴。

第 14 章

未來的建築設計師，
造夢者

1.體驗，要怎麼打造才真實？

在由克里斯多福・諾蘭（Christopher Nolan）執導的電影《全面啟動》（*Inception*）中，造夢者也被稱為建築師（the Architect），他們可以根據自己的想像自由構建空間並設計場景，甚至完全擺脫物理規律的限制。比如，電影開頭，在造夢者設計的場景中，道路盡頭可以向天空延伸，置身其中的個體也可以擺脫地心引力的束縛而行走。

隨著 3D 視覺化技術的發展以及與元宇宙的融合，上述影片所呈現的場景展現的建築技術，也有可能呈現在虛擬空間中。在虛擬的空間中，個體是以數位化化身的形式而存在的，而個體進行一切活動依賴的基本場景，就是各式各樣的建築。由於建築物需要以立體化的方式設計和呈現，因此與其他現實世界中的元素相比，建築更容易遷移到虛擬空間中。

實際上，虛擬建築在虛擬世界出現之前就已經存在了。由於行業的特殊性，建築行業的從業人員需要依賴於設計軟體進行 3D 繪圖。隨著網際網路相關技術的發展，CAD、3Ds Max 等軟體逐漸出現，並廣泛應用於建築行業中。基於應用軟體而繪製的建築模型，實質上就是一種虛擬建築，與元宇宙背景下的虛擬建築主要的區別點在於，該虛擬建築定沒有互動性。

基於設計軟體等繪製的虛擬建築，其主要的用途是為真實建

築物的建造提供參考，所以這種虛擬建築只是一種單向的存在，並不能與人類個體進行互動；而虛擬世界中的虛擬建築能夠承載個體化身的一切活動，因此可以與用戶互動。

此外，虛擬世界中的建築，與現實建築的不同，還表現在其功能性上。在現實世界中，人們居住或休閒娛樂都依賴於建築物，所以現實世界中建築的基本功能，是為人類的社會活動提供服務；而在虛擬世界中，虛擬角色既不需要考慮吃飯等生存問題，也不會覺得疲累，因此建築的主要功能是營造場景的氛圍感，為用戶帶來更接近於真實的體驗。比如，在虛擬世界的公園中，也會有長椅、鞦韆等，但其設置的主要目的是使得虛擬世界中的場景更加逼真。

綜合以上分析可以發現，在虛擬世界中，**場景的建造者更需要考慮的並不是建築物的原理、功能，而應該聚焦於如何透過虛擬建築，給予用戶置身其中的感受。**VR ／ AR 眼鏡等設備在一定程度上起到輔助作用，能夠將與虛擬建築相關的環境、氛圍等囊括在設計的過程中，並提升用戶獲得沉浸式體驗的可能性。

此外，隨著與元宇宙相關的技術的發展，越來越多的領域為元宇宙提供了豐富的內容場景。而且與現實場景相比，這些領域透過虛擬場景能夠呈現更好的效果。比如，越來越熱門的 NFT 加密藝術展無法在線下展出，但是在線上，用戶僅須配戴所需的智慧型設備，便可以自如的在虛擬美術館中觀展，獲得極佳的沉浸式體驗。

2. 元宇宙語境下的建築美學

　　隨著元宇宙概念的提出，以及 VR ／ AR 技術的發展，未來人們的生活將極有可能往虛擬空間遷移。比如教室、博物館、辦公場所、音樂廳等，均有可能移至 VR 環境，成為虛擬城市的一部分。而在虛擬世界中，這些場所的存在以及活動的開展都需要一定的空間，這也對建築設計提出了新的需求，使得數位建築師應運而生。

　　隨著元宇宙相關技術的不斷發展，現實物理空間與虛擬空間之間的界線將會逐漸模糊，兩者之間可能存在某種交叉或重合，這也就使得可供人類活動的場景被大大拓展，有更多空間需要進行建築設計。在這樣的背景下，建築設計師這一職業的內涵也將有所改變，他們的工作將可能包括創建虛擬的環境。

　　傳統的建築師需要具備的是建築學以及一些相關領域的知識，而參與虛擬建築設計的建築師，還需要了解 3D 視覺化等數位技術，並將其與建築設計的過程進行融合。由此來看，虛擬實境不僅僅是對物理世界建模和視覺化的工具，也會切切實實成為建築本身的組成部分。屆時，建築師與網頁設計師等職業的邊界將不再分明。

　　在元宇宙的空間中，建築師需仰賴自己在 3D 思維的優勢，進行虛擬建築的設計。與傳統的現實世界中的建築設計不同，虛

擬空間中的建築設計，需要建築師在熟知力學公式和房屋尺寸等建築學相關專業知識的同時，還具備人體測量知識，以確保所設計的虛擬建築，能夠與虛擬人物的形象成比例。而且在進行虛擬建築設計的過程中，需要將角色設計、遊戲設計、內容設計、使用者互動設計等融入其中，以符合用戶沉浸式體驗的需要。

除了建築師在元宇宙的空間中具有虛擬建築設計方面的優勢，傳統的遊戲設計師具備的建模等技能也將擁有廣闊的發揮空間。事實上，部分現有的網路遊戲已經可以被視作一個小型的虛擬世界。

以《當個創世神》為例，這是 2009 年瑞典 Mojang Studios 開發的一款沙盒遊戲。玩家可以在遊戲的三維空間中，創造自己的玩法，比如創作藝術品或建造建築物等。而這種著重於讓玩家探索的玩法，催生出了一種新的職業——虛擬城市建造師。一些擅長搭建虛擬建築物的玩家，可以利用平臺提供的方塊、植物或其他物品搭建出屬於自己的作品，而其他的玩家也可以聘請他們在自己的虛擬空間中搭建建築。

建築師 Cthuwork 就是一個擅長搭建虛擬建築的創作者。在《當個創世神》中，他不僅搭建出高度還原紫禁城、九寨溝等世界知名建築及旅遊景點的場景，而且將〈清明上河圖〉中的景象以 3D 化的形式呈現。

類似虛擬建築設計師的這類職業形態，能夠實現數位資產的變現。具體的變現過程如下：基於自己的才能在虛擬空間創作或

勞動，然後在現實世界中獲得相應的報酬。在現實世界中並不存在這樣的職業形態，但是虛擬世界的出現後，激發了新的需求，在此需求基礎上的供需關係，也就催生出了新的職業形態。隨著此類虛擬場景規模的增大，類似的用戶需求也會逐漸增加。

　　再回到元宇宙中，在這個虛擬空間，建築師的工作內容實際上與遊戲場景設計師非常類似。他們需要借助電腦軟體以及數位技術等，設計虛擬建築，並規畫出其中的布景，以符合虛擬角色活動的需要。因此，在元宇宙從概念到實現的過程中，建築師也需要逐漸進行角色轉換，這種轉換所指的並非僅從設計實體建築轉向設計虛擬建築，而是建築師的工作內涵將會大大拓展，使得遊戲設計師等也成為團隊的一部分。

3. 未來造夢者，全新的職業內涵

　　隨著元宇宙的發展，對建築師能力的要求也會有所變化。隨著一系列先進技術和工具的使用，人將從重複性的工作中被解放出來。在這樣的背景下，建築師不只是一個熟練掌握多種技術的專業人士，更是一個能夠綜合運用各種設計工具的複合型人才。

　　面向元宇宙時代的建築教育，應該著重培養建築學以外的相關技能，例如 3D 視覺化技術、數位媒體技術等。因為在虛擬空間中的建築，實際上也是虛擬空間的組成部分。而且，不同於現實世界中建築行業，需要受到許多繁瑣的規矩限制，虛擬世界中的建築是一種有著更大發揮空間的藝術表達。

　　建築學作為一門研究建築及其環境的學問，在數位化時代也被注入了新的內涵。雲端運算等技術的應用，使得城市和建築物能夠被託管於各種各樣的雲端中。一方面，對於建築行業而言，數位化的建築不需要耗費巨額的建設預算、數年的建設週期和大量的專業知識；另一方面，對於建築師而言，設計數位化建築時可以不受物理法則以及結構力學等的限制，不需要考慮房屋真實建造工程中的工藝成本，以及是否節能、防水等問題，可以更加專注於建築設計本身。

　　不過，與現實世界中實實在在存在的建築不同，虛擬空間中的建築也更容易被改造。比如只須刪除相關的代碼，一座看起來

極其複雜的建築就能夠消失不見；只需要在後臺簡單修改，就能改變建築風格等，而不需要考慮成本以及週期等問題。從這個角度來看，虛擬空間中的建築所具有的功能屬性將會大大減弱，而其觀賞屬性則會被強化。

元宇宙之所以能夠吸引用戶，並使得用戶獲得沉浸式的體驗，一個重要的原因是其擁有海量的內容。用戶進入元宇宙空間後，便能夠自由的在虛擬美術館、虛擬圖書館、虛擬電影院、虛擬遊樂園等場景中活動，獲得與現實世界完全不同的遊覽體驗。這樣一個空間，更能夠成為建築師的烏托邦。他們不僅可以不受物理世界約束，設計各種建築，並且可以將其出售以獲得報酬。

在現實世界中，建築一直是一個極受地域影響的行業；但是在虛擬空間中，建築師則可以完全擺脫限制，為世界範圍內任何使用者提供數位形式的產品和服務。基於這樣的背景，建築師進行建築設計時，就應該像產品經理或內容創作者一般，打造出個人特色鮮明的產品，並在相關的平臺上推廣自己的產品和服務，從而以高品質的內容收穫潛在的目標群體。

而且，基於 NFT 技術，建築等虛擬資產也能夠獲得獨一無二的編碼可供交易。比如歸屬於 Alexis Christodoulou 的虛擬建築的 NFT 就曾經被拍賣，Krista Kim 的虛擬住宅 Mars House 也被售出，這些都能說明虛擬資產的價值已經被越來越多的人認可和接受。數位形式的建築也擁有區別於現實世界建築的價值，有望在未來成為人們資產的一部分。

PART 5

未來篇

第 15 章

星辰大海：
關於元宇宙的終極想像

1. 影視作品

在元宇宙這個概念引起廣泛關注之前，其實有許多影視作品，早已呈現其樣態。

・《一級玩家》：提及涉及元宇宙的影視作品，大多數人最先想到的應該就是《一級玩家》。這部電影講述的是 2045 年，世界遇到能源危機、瀕臨崩潰，人們選擇前往一個名為《綠洲》的 VR 遊戲尋找慰藉。這本是一個可以幫助人們暫時逃離現實生活的世外桃源，卻因為一條遺囑變成了是非之地。只要玩家找到創始人在遊戲中設置的彩蛋，就可以接手《綠洲》成為世界首富，於是包括男主角韋德・瓦茲在內的許多人，開啟了一場冒險之旅。最終，這位沉迷遊戲的大男孩憑藉對遊戲的了解，成功找到了隱藏在關卡中的三把鑰匙，成功通關，並在遊戲結識女友，走上人生顛峰。

故事本身很簡單，但其精彩之處在於這部電影集成了元宇宙中很多元素，包括 VR ／ AR 頭戴顯示器、觸覺反饋衣服、自由的經濟體系、宏大的遊戲背景以及相對公平的打錢（按：指在大型多人線上角色扮演遊戲中，透過持續遊玩、破解關卡等方式賺取虛擬貨幣的行為）方式等，被認為是表現元宇宙的代表性作品。

有一部作品的名字與《一級玩家》相似，而且也經常被拿來

與其進行比較，就是薛恩‧李維（Shawn Adam Levy）導演的《脫稿玩家》（*Free Guy*）。這部電影上映於 2021 年 8 月，講述的是一名銀行櫃員機緣巧合之下，發現自己是身處在遊戲中的虛擬角色，於是他決定改寫自己的故事，讓自己成為英雄，進而開始幫助身為人類玩家的女主角，最終保護了女主角與整個虛擬世界的故事。

相較於《一級玩家》，《脫稿玩家》中的場景更像是初期的元宇宙，對於元宇宙的構建具有一定的借鑑意義。電影中的虛擬世界被遊戲公司主宰、控制的情節，對世人起到了一定的警示作用，即元宇宙必須遵循去中心化的管理原則，以防止類似的情況發生。

‧**《駭客任務》**：相較於《頭號玩家》、《失控玩家》來說，《駭客任務》更加經典。《駭客任務》三部曲的每一部上映，都會引起巨大的轟動。在那個網路尚不發達的年代，《駭客任務》卻設定了這樣一個場景：在機器人與人類的大戰中，人類試圖透過遮蔽天空，斷絕機器人的太陽能供應，但最終失敗了。於是機器人把人禁錮在容器內培養作為能量來源，人類可以透過腦後的神經連結器進入母體，也就是機器人創造的虛擬世界。相較於元宇宙來說，這個設定顯得有些極端。但從某些層面來看，《駭客任務》更像一個隱喻的元宇宙，似乎預示著人類終將走向一個人工智慧與人類意識共存的時代。

其實如果認真思考，一些行動裝置的應用程式就像一個縮小版的《駭客任務》。只要人類打開這個軟體，就會不受控制的在其中消磨時間。只是很多人都還沒有感知到這種變化，但這就是元宇宙帶來的意識改變。

· 《異次元駭客》（ *The Thirteenth Floor* ）：與《駭客任務》同期上映的還有另外一部電影——《異次元駭客》，講述的是兩位科學家霍爾和富勒用電腦模擬出1937年真實的洛杉磯，並且可以透過電腦進入這個世界，在裡面體驗真實的生活。但一天晚上，富勒突然被人殺害，種種跡象證明霍爾就是凶手，但霍爾偏偏失去了那天晚上的記憶。為了查明事情的真相，霍爾按照富勒留下的線索來到虛擬世界，最終查明真相。

在這部電影中，現實世界與虛擬世界相互疊加，人可以自由在兩個世界進出，非常契合元宇宙與現實世界的設想。未來，隨著元宇宙建成落地，我們也能體驗到這部電影中主人公的生活，隨意在虛擬世界和現實世界之間穿梭。

· 《超狂亨利》（ *Hardcore Henry* ）：2015年上映的《超狂亨利》更貼近現在的生活。這部電影講述的是主角亨利在戰爭中倖存後，被改造成超級戰士，從俄羅斯軍人手中營救妻子，同時要提防自己的身分不被發現的故事。

整個影片從第一人稱的視角展開，就像帶領觀看者玩《絕對

武力》（*Counter-Strike*）之類的遊戲一樣，可以讓觀看者感受到緊張的氣氛，更具有沉浸感。如果觀看者利用 VR ／ AR 頭戴顯示器觀看這部電影，沉浸感將會更強烈。基於這一設想，也許第一人稱電影將會成為未來電影發展的主要方向之一。

· **《西方極樂園》**：《西方極樂園》是一部科幻電視影集，講述的是人類利用先進科技創造了一座遊樂園，只要支付一定費用就可以隨意進入，並享受機器人提供的服務，而且無論對機器人做什麼事情都不會受到懲罰。但隨著機器人有了自主意識與思維，他們開始反抗人類、攻擊遊客，將樂園變成了地獄。然而樂園和地獄的概念是從人類的角度來解讀的，對於機器人來說，這兩個概念可能正好相反。

這個主題與前面提到的電影《脫稿玩家》的主題非常相似，警示人們在進入元宇宙時代之前，應該認真思考自己在元宇宙中的角色，以精準定位。

· **《黑鏡》**（*Black Mirror*）：《黑鏡》第一季是一部只有三集的迷你電視影集，每一集都是一個獨立的故事，有著不同的故事背景，反映不同的社會現實，但都圍繞現實生活展開，講述的是當代科技對人性的利用、重構與破壞的故事。

其中有一集的名字是〈一千五百萬個積點〉（*Fifteen Million Merits*），講述的是在一個萬物皆可虛擬化的世界裡，人住在一個

四面都是高解析度螢幕的房間，人類可以與所有物品互動，所有遊戲都支援體感操作，但人類只能從事最簡單的工作——踩單車，根據踩單車的里程賺取積點，並用積點購買日常用品以及虛擬產品。除此之外，人類沒有其他活動，也無法從事其他工作，日復一日、年復一年，無聊至極。

這部影集不禁讓我們思考，科技雖然給我們的生活帶來了極大的便利，但是否也在一定程度上禁錮了我們的生活呢？如果未來的元宇宙發展成這種形態，身處其中的人類是否會後悔呢？

・《上傳天地》：《上傳天地》是亞馬遜出品的一部十集科幻電視影集，故事設定在 2033 年，人類利用先進科技，可以在肉體死後將自己的意識上傳到虛擬世界，然後便會生成一個和真實的自己毫無區別的數位身體，而且這具身體有感知、觸覺，會產生饑餓感。

每天早上，這個虛擬世界中的人都會在充滿陽光的酒店醒來，並且可以按照自己的意願調整落地窗外的景色，變換季節。但是這具數位身體享受的一切，都需要用流量來購買，包括吃飯、看書、喝咖啡等。如果擁有足夠的流量，就可以在這個虛擬世界裡獲得永生。這部電視劇充滿了對元宇宙的想像，同時也引發了人們對死亡的思考。

2. 文學作品

很多關於元宇宙的電影都是根據文學作品改編的，在作家們的想像中，元宇宙的世界更豐富多彩。我們簡單介紹對幾部涉及元宇宙的文學作品。

· **《奇點臨近》**（*The Singularity Is Near*）：人工智慧的快速發展使得人們對未來的世界充滿了想像。在許多人的設想中，人工智慧可以讓生活變得更豐富、更便利。但隨著人工智慧的智慧水準快速提升，物質文明發展到前所未有的高度，人類突破壽命的極限，世界會變成什麼樣呢？

《奇點臨近》這本書就從社會和哲學、心理學以及神經生理學角度對人工智慧進行了討論，將人工智慧應用於實際工作、生活等場景，揭示其可能對世界造成的影響，為人們展現了先進科技賦能下的未來生活。例如在人工智慧等技術的支援下，《哈利波特》（*Harry Potter*）中的某些場景可能成為現實；而在虛擬環境中，小說中魁地奇運動以及將人或物體變成其他形式的行為，完全有可能實現。屆時，人們可能對書中的魔法有全新的認知。

作者在書中提出一個觀點：改變世界的思想力量在加速增長。目前，人們對元宇宙的所有暢想都建立在現有科技之上，而科技本身是在不斷發展的，或許未來元宇宙所創造的生活，給生活帶

來的改變會遠超人們的想像。但可以肯定的是，未來的元宇宙一定是多種高速發展的科技融合的產物。

另外，這本書還有一個觀點：未來，人類將與機器聯合協作，也就是將人類大腦中儲存的知識和技巧，與人類創造出來的智慧產品相結合。隨著人類的知識不斷增長，最終會創造出一個有意識的宇宙，開創一個新紀元。

· 《神經喚術士》（*Neuromancer*）：《神經喚術士》被稱為賽博龐克科幻文學的開篇之作，其一直存在許多爭議。擁護者認為這是一部非常經典的小說，而且獲獎無數，包括雨果獎、星雲獎和菲利普·K·迪克紀念獎三大科幻小說大獎，這一成就至今無人能企及。批評者則認為這部小說描寫了一個瘋狂且離奇的世界，讀完令人毛骨悚然。

在這部小說中，作者威廉·吉布森（William Gibson）憑藉超前的想像力，在書中描繪了一個未來的世界，主人公透過將人們的大腦神經連接網路，盜取他人訊息，以販賣資訊為生，後因得罪了惡勢力而被毀壞神經。為了修復神經，他來到日本，卻最終導致自己被強迫完成一項任務，也就是解放人工智慧。而整個事件的最終操控者，就是一個超級人工智慧——冬寂（Wintermute），作為人工智慧的冬寂自從有了意識之後，花費 20 年的時間策劃了這場自救行動。

吉布森透過這部小說告訴讀者，螢幕中有一個真實的空間，

雖然人們看不到，但它卻真實存在。這個空間不僅有人類的思想，而且包含人工智慧與虛擬實境共同活動的成果。這或許就是批評者認為這部小說瘋狂且離奇的原因，但或許也正是元宇宙可能帶來的一種改變。對於想要了解賽博龐克與元宇宙的讀者來說，這部小說是一部經典之作。

· 《戰爭遊戲》（*Ender's Game*）：《戰爭遊戲》講述的是人類與異族之間的戰爭。異星蜓的入侵導致數千萬人死亡，為了拯救人類並抵禦外星蟲族的入侵，人類成立了國際艦隊，從世界各地尋找及培養具有極高天賦的少年，善良、堅毅、忍耐力極高的安德·維京脫穎而出，經過一系列嚴格的訓練後進入位於遙遠星球的軍官學校，在曾經打敗蟲族的指揮官馬澤·雷克漢的訓練下，安德逐漸成長為一名合格的指揮官，帶領隊友在模擬戰中對抗敵軍。

不久之後，雷克漢與其他指揮官確定蟲族將在幾周後發起一次新的攻擊，為了保證安德有足夠的能力領導國際艦隊保衛地球，他們為他安排了數周的密集訓練。在這場戰爭中，安德艦隊雖然遭受重創，但最終摧毀了蟲族生存的星球，人類贏得了最終的勝利。直到戰爭結束，安德才知道這場終極測試並不是遊戲，而是一場真實的戰爭。於是，安德陷入掙扎，開始思考異族和人類之間的鬥爭，是否必須是你死我活？

這個問題也是作者的終極一問，此後，有很多科幻小說都深

入探討過這個問題，包括《星際爭霸戰》（*Star Trek*）、《三體》等。當然，除了人類與異族的關係之外，這部小說中描寫的未來科技，也對現實生活中科技的發展產生了深遠影響。無論是安德的心理遊戲，還是真實的模擬戰，作者都描述得異常精彩，為讀者創造了一個兼顧五感的虛擬空間。未來，隨著科技的不斷發展，小說中幻想的科技或許就會成為現實。

3. 遊戲作品

・《暴雨殺機》（*Heavy Rain*）、《超能殺機：兩個靈魂》
（*Beyond: Two Souls*）、《底特律：變人》（*Detroit: Become Human*）：這三款遊戲有一個共同點，就是同屬於互動式電影遊戲。簡單來說，就是由電影和遊戲相互融合，創造出來的新遊戲種類。試想一下，如果未來的電影都將是第一人稱視角，而且可以讓觀眾做出不同的選擇，最終引導電影走向不同的結局，會產生怎樣的效果？這種情形經常在遊戲中出現。如果將電影與遊戲相結合，再利用一些硬體設備將這種沉浸感放大，又會產生怎樣的效果？

目前，在互動式電影遊戲領域，法國的遊戲公司 Quantic Dream 創作了上述三部經典產品。迄今為止，這三部作品已經獲得了兩百五十多項大獎。

相較於傳統電影或者遊戲來說，互動式電影遊戲有著較強的互動性，可以讓玩家產生強烈的參與感與沉浸感，為元宇宙的創建提供新思路與途徑。《暴雨殺機》、《超能殺機：兩個靈魂》、《底特律：變人》這三部作品，其獨特的視角與表現方式，值得元宇宙創建者學習、借鑑。

・《星戰前夜》（*EVE Online*）：冰島 CCP Games 開發的《星

戰前夜》是一款大型多人線上角色扮演遊戲（Massively multiplayer online role-playing game，簡稱 MMORPG），以太空為背景，融合了一些硬科幻（按：科幻作品風格分支，強調科學細節和邏輯推導的合理性）的元素，創造了一個虛擬的宇宙沙盒世界，可以讓玩家在裡面任意穿梭、自由探索。在這個遊戲中，玩家可以採礦、考古、參與 PVP（player versus player）／ PVE（player versus environment）戰鬥、開展科學研究、從事工業製造與金融貿易等。

　　這個遊戲的特別之處在於，玩家的角色不是由系統設定，而是由自己所開展的活動決定。假設玩家選擇挖礦，就會成為一名礦工；如果選擇掠奪商船，就會成為一名星際海盜；如果選擇追擊海盜，就會成為賞金獵人等。這個遊戲規則與現實世界非常相似，帶給玩家極強的沉浸體驗。

　　除此之外，這個遊戲還有一個為人所稱讚的地方，就是一位冰島經濟學家設計的精妙經濟模型。《星戰前夜》有一個完整的經濟體系以及交易市場，還會即時展現大宗商品的價格走勢。對於玩家來說，飛船屬於個人的重要資產。如果飛船被摧毀，玩家就會永遠失去這個資產。憑藉與現實世界非常相似的經濟體系，《星戰前夜》被收錄到曼昆（N. Gregory Mankiw）的《經濟學原理》（*Principles of Economics*），成為一個經典的網路遊戲經濟學案例。

　　這個遊戲中還有很多與現實相似的設計，例如玩家可以自行組建各類團體組織，包括商會、軍團、戰場清道夫等。因為與現

實非常相似，所以玩家可以沉浸其中，專心扮演自己的角色。對於玩家來說，玩遊戲的過程就是體驗一種生活方式。在元宇宙中，人們應該也能夠享受到此種體驗。

· **《星際公民》**（*Star Citizen*）：《星際公民》是一款全新的次時代太空科幻沙盒網路遊戲，可以帶給玩家真人體驗般的深度沉浸感。這款遊戲的製作人克里斯·羅伯茲（Chris Roberts）曾製作出兩款經典遊戲——《銀河飛將》（*Wing Commander*）與《星際遊俠》（*Freelancer*），憑藉自身過人的技術實力以及遊戲獨特的賣點，《星際公民》成為迄今為止募資金額最高的遊戲。在大量資金的支持下，遊戲團隊可以認真打磨遊戲中的各種細節，讓玩家在遊戲中體驗到真實世界的感覺，產生更強烈的沉浸感。

《星戰前夜》的沉浸感主要是由經濟模型帶來，玩家可以在遊戲中扮演各種角色，開展交易活動。《星際公民》的沉浸感則主要展現在操作層面，玩家在玩遊戲的過程中，可以獲得與真實世界相似的感受。例如，在現實生活中開飛機需要控制許多按鈕，同時注意許多數據；玩家在《星際公民》中開飛船亦是如此，從而產生非常真實的駕駛感受。

如果元宇宙能夠做到如此真實，一定可以帶給人們不一樣的體驗。

· **《當個創世神》**：《當個創世神》是一款第一人稱視角的

3D 沙盒遊戲，在這個遊戲中，玩家可以選擇單人模式或者多人模式，透過創造或者破壞不同種類的方塊，創造一個屬於自己的世界，以蒐集物品、創造世界來推進遊戲。這個遊戲的核心理念就是——每一個玩家都是自己的創世神。

之所以將《當個創世神》列為關於元宇宙的經典遊戲作品，是因為這款遊戲展現了元宇宙的核心要素——玩家在遊戲中與他人互動，並創造自己的世界。在此遊戲中，只要玩家願意，他可以創造一個藍色的世界、紫色的世界、紅色的世界，可以在礦洞中來回穿梭，可以在沙子裡游泳等。只要玩家有足夠的想像力，所有活動都可以在這個遊戲中實現，未來的元宇宙也應如此。

· **《模擬市民》**：《模擬市民》是一款模擬生活類遊戲。玩家可以在遊戲中設定自己的性別、外貌以及性格，購買土地、建造房屋、布置家居擺設，打造一個自己理想中的家，還可以上班、交友、聚會等。

這款遊戲為玩家提供了五十多種職業，將社交性展現得淋漓盡致。在這個遊戲中，玩家想要收穫愛情，在事業上獲得成功，必須像在現實生活中一樣與他人建立並維護社交關係，一步步推進關係發展。這款遊戲的吸引力在於玩家可以提前體驗人生，這與元宇宙復刻現實世界的理念非常相似。也許在未來的元宇宙中，每個人都能以虛擬身分提前體驗一段模擬人生。

4.動漫作品

雖然元宇宙概念引起科技圈注意的時間尚短，而且從概念到實現，需要克服眾多的技術難題和管理方面的限制，但是在一些動漫作品中，與元宇宙相關的設想早就已經出現。

· **《喬尼大冒險》**：這是一部 1964 年由華納兄弟出品的動畫。其英文原名為 Jonny Quest，在 1996 年重新製作後更名為 The Real Adventures of Jonny Quest，譯名有《喬尼歷險記》、《奎斯特歷險記》等。

這部動畫講述的是主人公喬尼的父親奎斯特博士，開發出了一個虛擬世界——奎斯特世界，只要戴上特製的眼罩，就能進入這個虛擬世界，並在其中與反派角色鬥智鬥勇。雖然由於出品時間以及技術限制等原因，該部動畫目前看來製作不夠精緻、內容也存在許多漏洞，但其卻與元宇宙的核心概念有一定的相似之處。

· **《刀劍神域》**：2002 年 11 月至 2008 年 7 月，日本作家川原礫在其個人網站 Word Gear 上連載網路小說《刀劍神域》。2016 年 8 月，美國好萊塢製片公司天空之舞（Skydance）宣布，日本角川書店已獲得《刀劍神域》的真人劇集全球製作版權。

《刀劍神域》講述的是一個打破虛擬世界與現實世界之間

界線的故事。在故事中，2022 年人類實現現實世界與虛擬世界的融合，一家遊戲商開發了一款名為《刀劍神域》（Sword Art Online）的網路遊戲，進入遊戲的玩家可以在一個名為艾恩葛朗特的浮游城市中暢遊。這個虛擬城市由 100 層主題不同的區域組成，可以供玩家在其中生活、經商、探險等。

但是正當玩家沉浸其中的時候，卻發現遊戲的登出鍵消失了。原來是遊戲的開發者將玩家困在遊戲中，如果有玩家能夠突破各層區域最終通關，那麼所有玩家都能成功登出遊戲；如果有玩家在遊戲的過程中生命值歸零，那麼這個玩家在現實中的生命也會隨之終結。最終，曾經是少數封測玩家的男主角桐人在遊戲的過程中，不斷累積經驗而成為了超級玩家，打破了遊戲的僵局，將所有的玩家從遊戲中解救出來。

《刀劍神域》所描述的故事最恐怖的一點就在於，用戶在虛擬空間中的生命，與其在現實生活中的生命是密切關聯的。在這樣的背景下，人們必須把虛擬世界當中的體驗，視為真正的生活。

· **《加速世界》**：《加速世界》同樣是由川原礫創作的一部小說，其自 2009 年 2 月 10 日開始本書的創作，至今仍未完結。

這部作品講述的是，在不遠的未來，人們都使用一種名為「神經連接裝置」（Neural Link）的終端裝置連線，生活中絕大多數時間都處於網路世界中。此時，虛擬世界已經與現實世界基本同步，人們用眼睛就能夠直接看到虛擬空間中的各種介面，用手指

就能夠收發資訊或進行其他操控，不僅如此，透過特製的電纜設備，不同個體的思維可以共用。

在這樣的背景中，因為身材肥胖而受到霸凌的中學生有田春雪，因為對現實生活不滿，因此大部分時間都在虛擬世界中練習虛擬壁球遊戲。有一天，當他再次被霸凌時，美麗的學生會副會長黑雪姬／黑雪公主解救了他，並且讓他接觸到了名為 Brain Buster 的程式，成為了能夠以千倍思考速度觀察現實世界的「超頻連線者」（Buster Linker），而後經歷一段奇妙的冒險。

《加速世界》這部作品使我們不得不思考：如果虛擬世界與現實世界能夠隨意切換，那麼在現實世界中應該如何處理虛擬空間所衍生出的人際關係？當元宇宙廣泛普及後，勢必會給我們在現實世界中的生活帶來一些影響。

5. 娛樂作品

1985 年，美國媒體文化研究者、評論家尼爾・波茲曼（Neil Postman）出版了其著作《娛樂至死》（*Amusing Ourselves to Death*）。雖然這部著作針對的是電視影像取代書寫文字的過程，但實際上在技術進步的過程中，人們對於娛樂的追求確實會不斷提升。比如早在元宇宙真正實現之前，在一系列娛樂作品中就能展現出人們對於元宇宙的設想。

虛擬選秀

由於歷史、文化、審美等方面的原因，大眾通常會存在一些根深柢固的偏見。比如對一個歌手的評價往往不僅局限於其作品，還會受到其膚色、國籍等的影響。2017 年知名嘻哈歌手懷克里夫・金（Wyclef Jean）就曾被警方逮捕入獄，而他受到不公正對待的主要原因就是他的膚色。因此，很多創作者都希望擺脫這種束縛，讓觀眾更加關注於自己的作品。2021 年 9 月，FOX 就舉辦了一場特別的歌唱比賽《Alter Ego》，任何參賽選手都能夠在舞臺上自由展示自己，可以根據自己的期望塑造自己的形象。

不管如何操作，以真實個體參與的比賽仍然很難擺脫各種無關因素的影響。而虛擬選秀則沒有這方面的困擾，個體可以以虛

擬化身的形式出現在觀眾面前，在技術的加持下，當個體出現傷心、哭泣等各種表情時，化身也能夠精準捕捉並進行還原。在虛擬選秀的場景中，虛擬化身、評審與觀眾相當於共同參與了元宇宙中的活動。

虛擬偶像

在粉絲經濟大行其道的背景下，越來越多的虛擬偶像進入了大眾的視野。與真人偶像相比，虛擬偶像的形象能夠根據受眾的喜好來設定，可以擁有更豐富的才藝，年齡、樣貌也不會隨時間流逝而發生變化，可謂完美。比如在 IG 平臺坐擁數百萬粉絲的混血少女 Sousa，不僅僅是一個廣受歡迎的穿搭創作者，還曾與川普一同被美國《時代雜誌》（*Time*）評為最具影響力的網際網路人物之一。

在中國綜藝節目《上線吧！華彩少年》中現身的中國風虛擬偶像翎，也獲得了大批觀眾的喜歡，並與奈雪的茶（按：中國茶飲品牌）等品牌合作。大量虛擬偶像的誕生，不僅讓我們讚嘆科技的力量，更讓我們對元宇宙的形態充滿無限遐想。

如果遴選知名度最高的虛擬偶像，那麼初音未來肯定在此之列，與其類似的還有 MEIKO、KAITO、洛天依、樂正綾等角色。它們不僅為對未來音樂的探索提供了無限可能，也為元宇宙的發展帶來了有益的啟發。

英雄聯盟 K ／ DA

2018 年，英雄聯盟 2018 賽季世界大賽期間，曾經提出女子團體的構想，2020 年 K ／ DA 女團正式成立。

與以往的真人女團完全不同，這是一個全員皆是虛擬人物的團體，共包括女團隊長兼主唱阿璃、舞蹈擔當凱莎、饒舌阿卡莉、主唱伊芙琳與瑟拉紛五名成員，它們既是演唱會的主角，同時也是遊戲中英雄的造型。不僅如此，英雄聯盟的玩家還可以操控女團角色，使得其能夠在遊戲的世界中盡情發揮，從而獲得更強的參與感和沉浸式體驗。

作為一款擁有巨量玩家的網路遊戲，英雄聯盟不僅連續幾年被 The Game Awards 評為年度最佳電競遊戲，而且形成了自己的競技文化。而英雄聯盟中虛擬偶像的參與，也為元宇宙帶來更多的想像空間。

元宇宙並不是某一種單一技術的革新，其更像是一種對未來生活方式的探索。就像電視影像對書寫語言取代的過程可能導致「娛樂至死」一樣，元宇宙也可能面臨種種問題。但社會文明在進步，公民意識在崛起，元宇宙勢必能為人類社會的發展提供無限的機遇。

第 16 章

奇點臨近：
技術、文明與人類未來

1.元宇宙下的數位永生

　　中國數位資產研究院學術與技術委員會主席朱嘉明提出：
「元宇宙吸納了資訊革命、網路革命、人工智慧革命，以及 ER、
MR、遊戲引擎等虛擬實境技術革命成果，向人類展現出構建與傳
統物理世界平行的全息數位世界的可能性；引發了資訊科學、量
子科學、數學和生命科學的互動，改變了科學範式；推動了傳統
的哲學、社會學，甚至人文科學體系的突破；融合了區塊鏈技術，
以及 NFT 等數位金融成果，豐富了數位經濟轉型模式，為人類社
會實現最終數位化轉型提供了新的路徑，與後人類社會發生全方
位的交集，展現了一個與大航海時代、工業革命時代、太空時代
具有同樣歷史意義的新時代。」

　　接下來我們分別從技術、應用與哲學這三個角度，來分析元
宇宙的革命性意義。

技術角度：開啟人類後現代時代

　　自人類學會製造工具以來，人類社會的發展就始終伴隨著技
術的進步。尤其自第一次工業革命發生以來，技術發展的速度越
來越快，呈現指數級成長。

　　當技術發展到一定階段，人類能夠創造一個與現實世界完全

相同的虛擬世界時，人類就進入了元宇宙時代。隨著數位經濟不斷發展，如果現實世界中的各個場景都可以轉化為量化參數指標，人類就可以利用電腦，仿照現實，創造一個虛擬的數位化世界。

這個數位世界與現實世界相對應，可以看作是與現實世界平行的世界，並且可能會優於現實世界。因為在這個平行的虛擬世界，可以利用技術手段解決很多現實世界無法解決的問題。例如消除因為資訊不對稱導致的階級分化與貧富差距，消除自然災害對生產、生活的影響，減少病痛和死亡等。

應用角度：數位經濟發展的終極形態

現階段，虛擬實境、3D 技術已經廣泛應用在娛樂場景。當然，這只是元宇宙的初級形態，還沒對人類社會的發展產生太大影響。隨著此概念不斷成熟，它將成為數位經濟和資訊技術發展的終極形態，發揮出超乎想像的作用，大量出現現實性應用。

目前，致力於數位孿生技術研發的企業越來越多。簡單來說，數位孿生就是利用建模的方式，仿照現實世界創建一個虛擬世界。目前數位孿生主要用於創新設計及實驗領域，可以顯著降低各項成本。例如發展已經較為成熟的虛擬飛機駕駛系統，可以模擬各種場景中飛機的飛行姿態，製造緊急情況或者重現墜機場景等，大幅降低了實驗成本。如果人類可以利用數位孿生技術，仿照現實的城市複製一個虛擬城市，就可以在其中規畫設計城市，帶給

人們更優質的生活體驗。

哲學角度：元宇宙世界下的數位永生

人類感知世界的方式，是透過中樞神經系統接收來自全身各處的訊息。同時，現實世界的各種資訊也可以透過看、聽、聞、觸等方式轉化為不同的訊息，人體的中樞神經系統接收之後，就會在大腦中將感知到的資訊刻畫出來。

隨著腦機介面技術不斷發展，虛擬世界的資訊可以轉化為人體的中樞神經系統能接收的訊息，這樣一來，人類便可以在虛擬世界中全面復刻現實世界。從感官層面來講，現實世界和虛擬世界完全相同，兩者沒有明顯的區別，且因為虛擬世界可以解決很多現實中無法解決的問題，所以虛擬世界甚至會比現實世界更好。改變現實世界很難，改變虛擬世界卻非常簡單，只要修改一下參數設定即可。而且人類還可以在虛擬世界中，創造出現實世界中沒有的事物。在這種情況下，將會有人願意永遠留在虛擬世界中，甚至將虛擬世界視為現實世界，實現數位永生。

目前虛擬世界的構建才剛起步，還停留在遊戲層面，距離理想的完美世界還有很大差距。但元宇宙這個概念已經引起了廣泛關注，尤其是資本方。例如在遊戲行業，無論傳統還是新興的遊戲企業，都正在元宇宙領域積極布局。

在技術層面，人工智慧、互動設備、基礎設施等還有廣闊的

發展空間，雲端計算、5G 通訊等領域的企業，也設定了業績增長目標；在商業端，隨著技術不斷發展，遊戲、社交、消費等行業將打破傳統的商業模式，創造出一種全新的模式，推動企業發展。

2.第三次生產力革命

　　網際網路引發的變革與過去每一次工業革命一樣，都伴隨著無數技術或工具的誕生。網路發展到現在的階段，下一次的變革方向就是元宇宙。每經歷一次大變革，就可以劃分出一個時代，顛覆人們的生活、體驗與價值認知，推動人類社會更好的發展。

　　我們可以設想：在另外一個空間中，我們以完全不受現實世界約束的方式而存在，我們可以跑得更快、跳得更高，甚至能自由飛翔。當我們走進一條街道的時候，街道上還有很多跟我們一樣的個體，他們也在訪問這個世界。

　　我們可以隨心所欲的設定自己的形象，透過各種創作取得收入，乘坐喜歡的虛擬車輛出行，並購買土地建設房屋等。就像電影《一級玩家》中呈現的一樣，只要我們戴上相應的裝置，就能夠沉浸體驗這個與現實世界強烈反差的空間。

　　雖然目前元宇宙仍然處於初期的探索階段，其具體能實現的場景並仍不確定，但可以肯定的是，元宇宙能夠從根本上改變現實世界與虛擬空間互動的方式。在各種技術的融合輔助下，元宇宙必將成為一個極具開放性和包容性的線上公共空間。

　　我們正處在發展的早期，距離真正的元宇宙還有很長一段距離。如同行動網路一樣，人們總是將 iPhone 3G 視為行動網路發展的轉折點。事實上，iPhone 3G 背後隱藏著非常複雜的技術和

環環相扣的發展鏈，例如 App Store 等生態、網頁、3G 晶片、無線網路供應商、不斷完善的行動網路基礎設施以及 Java、Html、Unity 等軟體開發工具等。

人類社會已經進入元宇宙時代科技與應用程式的自迴圈中：底層技術的發展推動應用程式或者軟體變革，市場需求反哺底層技術，推動技術持續發展，技術發展再推動應用程式或者軟體變革。無論技術與應用相互作用的邏輯是什麼，在一個時代發展初期，應用程式或者軟體就是科技發展的催化劑。

目前，人們還無法對元宇宙的發展做出精準預測，從而無法明確給予定義，但我們可以大致預測元宇宙的發展方向。借鑑行動網路時代的發展經驗，相較於明確定義元宇宙，探討其發展方向以及發展過程中可能遇到的問題更加重要。

在傳統網路時代，人們只能在一個固定場所，使用有線網路連接上網際網路；行動網路極大的拓展了網路的應用空間，人們可以隨時隨地使用智慧型裝置瀏覽網際網路；進入元宇宙時代，網路應該可以實現 100％滲透，人們關於萬物互聯的假想將成為現實並可以 24 小時使用網路。

可以將元宇宙視為第三次生產力革命。在算力時代，生產力發生質變的重要標誌是主體發生變化，人工智慧取代核心勞動力，由機器創造生產力價值。而想要實現這一點，人工智慧必須發展到一定的級別。人工智慧的發展需要不斷的學習和訓練，而與現實世界相對的元宇宙，為其提供了一個絕佳的場所。主體的改變

則需要打通人與人、人與機器、機器與機器互動的基本環境，其
必然能夠實現虛擬世界與現實世界的融合和互動。因此，無論人
工智慧技術的發展還是底層資料與資訊的互動，都為元宇宙的發
展提供了強而有力的支援，都證明了元宇宙的發展是必然趨勢。

3. 你家就是辦公室，這是好事還是壞事？

　　經歷蒸汽時代、電氣時代、資訊時代後，以資訊技術促進產業變革的工業 4.0 時代已經到來。網路與各個產業的融合，催生了一個包羅萬象的線上時代，而智慧化時代的到來，則加速了線上與線下世界的融合。在教育、醫療、製造、金融等不同的領域，兩個世界的互聯互通已經成為必然的發展趨勢。

　　以虛擬實境領域為例，根據印度研究公司 Mordor Intelligence 的統計分析，2020 至 2026 年，全球虛擬實境領域的支援資金將從 170 億美元增長至 1,840 億美元。除了技術以及用戶需求等方面的影響外，新冠肺炎疫情也在一定程度上加速了遠距互動產品的發展。因此，元宇宙的誕生是內外部因素共同作用使然。

　　那麼，元宇宙會如何改變我們的生活？除了已經率先發展的遊戲領域之外，元宇宙還可能從辦公以及購物等方面影響我們的生活。

虛擬辦公：穿戴式遠距工作

　　在傳統的辦公模式中，人們往往需要花費許多時間和物質成本通勤。傳統通勤的痛點以及疫情等方面的影響，都為遠端辦公

模式的發展創造了良好機遇，而元宇宙則為遠距辦公提供了極佳的思路。

　　臉書作為全球社交領域的巨頭，在發展的過程中不斷探索技術領域的創新和業務方面的拓展。由於社交等領域與元宇宙有天然的關聯，因此臉書早就將元宇宙視作未來重要的著眼點。

　　2014 年 3 月 26 日，臉書宣布將以約 20 億美元的價格收購沉浸式虛擬實境技術公司 Oculus VR。進軍可穿戴設備市場，實際上也可以被認為是臉書進行元宇宙布局的基礎。2021 年 8 月 19 日，臉書又發布了基於其可穿戴裝置的虛擬實境工作空間 Horizon Workrooms 的免費測試版。

　　根據臉書的設想，使用者只要配戴 Oculus VR 等智慧型穿戴裝置，便能夠根據需求進入 3D 虛擬辦公室。雖然初看會覺得 Horizon Workrooms 與 Zoom 等視訊會議軟體類似，實際上兩者有本質上的不同。

　　在遠距協作應用程式 Horizon Workrooms 的設計中，用戶透過配戴 Oculus VR，不僅能夠獲得在虛擬辦公場景中的虛擬形象，而且可以與其他代表同事的虛擬形象互動；使用者可以根據喜好改變自己的虛擬形象，並如同正常辦公一般敲打鍵盤或陳述觀點；由於利用了空間音訊技術，因此用能夠如同真實辦公一般聽到該空間中的所有聲音。也就是說，幾乎所有真實的辦公活動都能夠複製到虛擬辦公場景中。

　　雖然網路的發展，已經為人們構築了多彩的虛擬世界，但由

於這些虛擬世界需要依託於電腦或行動裝置才能存在，因此使用者難以真正沉浸體驗其中。而隨著技術的發展與其使用者規模的不斷擴大，借助這些設備，現實與虛擬世界之間的界線將會逐漸模糊，用戶能夠獲得更加真實的虛擬體驗。

虛擬購物：在元宇宙中實現自由購物

目前傳統的購物模式主要有兩種：在實體空間的線下購物和透過網路的線上購物。兩種購物模式各有優缺點，比如線上購物方便快捷，但難以獲得詳細的商品資訊。借助元宇宙的底層經濟系統，使用者也能夠在其中購物，而且這種模式基本綜合了以上兩種購物模式的優點，能夠大幅提升用戶的購物體驗。

根據元宇宙的設想，虛擬空間中的任何物品都能夠 NFT 化，依託獨特的加密技術，元宇宙中的商品能夠自由的流通，而不受任何第三方平臺的制約。

雖然就目前來看，元宇宙最終的形態以及真正到來的時間都是未知數，但可以肯定的是，虛擬實境、加密貨幣以及區塊鏈等技術對於元宇宙的塑造至關重要。

4. 使用者協作、虛擬經濟、加速連結

人們關於元宇宙有很多想像，祖克柏對元宇宙的想像是：在元宇宙中，用戶可以產生與現實相仿的體驗，例如健身、娛樂等，這種體驗無法在 2D 應用程式或網頁上做到。在虛擬實境與 AR 的作用下，元宇宙能夠帶給人們一種存在感，可以讓人們更加自然的交流互動。

關於這一點，祖克柏還舉了一個例子：我們舉行許多會議時，都在看螢幕上的像素。但我們習慣於與人共處一室並有一種空間感，如果你坐在我的右邊，那麼這意味著我坐在你的左邊。未來，你可以像全息影像一樣坐在我的沙發上，而不是僅僅透過電話來溝通。祖克柏將元宇宙視為網際網路的繼承者。目前，**在使用者協作、虛擬經濟、加速連結等方面，元宇宙已經開始發揮作用**。

使用者協作的生態平臺

平臺是什麼？微軟創辦人比爾·蓋茲（Bill Gates）認為：平臺是指使用它的每個人的經濟價值超過創建它的公司的價值。Epic Games 創始人蒂姆·斯維尼（Tim Sweeney）對平臺的認知則有更加廣泛的涵義，他認為，當人們透過某媒介花時間瀏覽的大

部分內容，都是由其他人創建的時候，那個媒介就是平臺。

　　從這種意義上講，元宇宙就是一個平臺，這個平臺與傳統網路平臺的不同之處在於，該平臺由使用者創建，而網路平臺由公司創建。在元宇宙，使用者是創建者、維護者，他們可以透過搭建生態系統的內容獲取收入、享受快樂。未來，互動式和沉浸式的虛擬平臺將成為人們交流、互動的主要載體，也是消費和體驗元宇宙的主要管道。

打通虛擬經濟

　　打通虛擬經濟與現實經濟，是促使元宇宙與現實世界建立連接的關鍵，NFT 的出現讓虛實經濟相互融合成為可能。在 NFT 的作用下，數位變成了一種資產，虛擬世界的道具、卡牌等就是可以用於交換的金錢，這一設定讓元宇宙超脫了遊戲的範疇，成為一個真實的行業。在這個行業，使用者可以創造及交換虛擬資產。

　　據中信證券研究統計，2021 年上半年，NFT 行業的市場價值達到了 127 億美元，相較 2018 年增長了 300 倍。在 NFT 的作用下，數位資產與現實世界相互連接，讓數位資產的產生、確權、定價、流轉、溯源等有了實現的可能。隨著 NFT 不斷成熟，元宇宙經濟系統也將變得更加成熟完整。

加速連結的網際網路

　　元宇宙想要成為下一代網際網路，必須加強各個平臺的互通性和可移植性，透過打通各個平臺形成一個統一的巨大經濟體，最終創造一個沒有國界、沒有土地的虛擬國度。

　　2020 年 9 月，中華電信、韓國 LGU+、高通等運營商聯合成立了一個團體：全球 XR 內容電信聯盟。XR，也就是延展實境，透過電腦技術與可穿戴裝置，促使真實世界與虛擬世界互動，創造一個可以實現人機互動的環境。在 XR 的作用下，人們有望創造一個完整的虛擬世界。目前，行業正在嘗試統一價值觀與標準，致力於打造一個具有凝聚力、可互通的虛擬社會。

　　延展實境有許多稱號，例如屬於未來的新鮮技術、人類互動方式的終極形態等。其實從技術層面來講，延展實境就是虛擬實境、擴增實境和混合實境的結合。從利用電腦模擬 3D 空間，到在真實空間植入虛擬內容，再到合併現實與虛擬世界後產生新的視覺化環境，需要進一步研究元宇宙需要的技術，而更加仿生的對話模式是必然的發展趨勢。

　　此外，元宇宙的發展還需要打通整個網路平臺的經濟，讓各個機構實現互聯互通，並開發統一的標準。在元宇宙時代，虛擬形象具有極強的代表性，各種數位資產需要獲得進一步的認可，平臺間的資產需要相互流通，開發人員和創作者的所有活動都必須遵守特定的規則和標準，保證所有人物形象、資產可以在不同

的平臺間無障礙傳送。對於元宇宙來說，互通性和標準化是一項巨大的挑戰。

網際網路自誕生以來持續影響人類社會，已經全面滲透到人們生產、 生活的各個領域，推動人類社會快速發展。與此同時，行動網路的出現與應用也賦予人們更多想像空間，元宇宙可能就是網路世界最終的模樣。

第 17 章

未來已來：
元宇宙重塑數位經濟體系

1. 低程式碼開發與數位化變革

元宇宙所構建的虛擬空間，既與現實世界相互平行和映射，卻又獨立存在。根據設想，人們在元宇宙中能夠隨心所欲的進行多種活動，比如社交、購買土地、建築房屋等。透過多種多樣的活動，人們對於元宇宙的認知邊界將會不斷拓展，同時元宇宙所包含的內容也會更加豐富。

不過作為一個虛擬的世界，其發展也勢必會帶來一些負面的影響，比如網路犯罪率的提升。一些有心之人可能會利用虛擬空間中的漏洞犯罪，網路世界常見的傳播病毒，以及網路詐騙等都屬此類。

雖然理想的情況下，使用者可以根據需求，在網路世界與現實世界之間自由切換，但實際上人們很容易模糊兩者之間的邊界，而受到負面影響。因此，當在虛擬空間中進行虛擬資產的交易等活動時，應該提高警覺。同時，相關的管理部門也需要透過監管以及宣傳等方式，加強使用者的網路安全意識。

元宇宙的發展，不僅給多個領域帶來了廣闊的發展空間，還降低了技術開發的門檻，使得低程式碼開發平臺應運而生。所謂低程式碼開發平臺（Low-code Application Platform，簡稱LCAP），指的是透過提供視覺化鷹架（Visual Scaffolding）與拖放工具（Drag-and-drop Tooling）等高級程式工具，取代傳統的流

程、邏輯和應用程式的編寫平臺。

在傳統的應用程式開發領域，由於各種資料端點資訊的收集、程式安全性的保障以及工作流程的部署等，都具有高度複雜性和拓展性，因此其不僅技術難度高，而且往往需要占用應用程式開發人員的大量時間。而低程式碼開發平臺最重要的特點之一，就是能夠實現自動化工作，因此透過此平臺，能夠大幅提升相關技術工作的效率。

全球知名的資訊研究和分析公司 Gartner，曾對低程式碼開發平臺的發展前景進行預測，認為到 2023 年，全球會有一半以上的大型企業將其應用於系統運營。而隨著相關技術和應用程式的推進，階程式碼的編寫門檻也可能隨之降低，這些都會為元宇宙的發展提供助力。

對於諸如低程式碼開發平臺等技術要求較高的產品，通常會被認為主要服務於大型企業或者是小型商業項目。但實際的情況可能並非如此，如果一個產品在推廣的過程中能夠被廣泛接受，那麼後續必然會進入企業應用領域，著名的編輯、設計軟體 Adobe 的推廣便是如此。隨著元宇宙的快速發展，與其相關的各種類型的應用與外掛程式也會應運而生。

2. 智慧科技新物種的爆發

語音辨識、圖型識別、人工智慧等技術的發展，催生出越來越多的人工智慧產品，並為人們的工作和生活帶來極大的便利。但由於技術的限制，很多產品並未達到真正的智慧化。

隨著元宇宙概念的提出，人工智慧的應用場景也將會得到極大拓展。其可以將採集到的資訊以代碼的形式，提供給技術開發人員，從而更好的服務人們的生活。屆時，經過智慧化升級的機器將會變得更人性化，其一方面可以與低程式碼開發平臺連接，共同參與服務架構的構建；另一方面可以與人類進行更深入的溝通，不僅能夠識別人類的表情、動作，還可以預測其行為，甚至刺激人類的神經元。

在網路發展之初，電腦等設備不僅體積龐大，而且功能有限。而隨著技術的發展，智慧型產品的功能越來越齊全且方便人們攜帶。比如臉書推出的 Ocuius VR 顯示器，不僅非常貼合人體，而且能夠根據使用者的指示做出相應的反應。未來，科技公司甚至有可能推出智慧型隱形眼鏡等產品，讓使用者可以進入虛擬場景中，沉浸的全息式體驗。

隨著技術的發展，智慧型產品將不僅僅局限於看懂和聽懂用戶，還有可能真正「理解」用戶，甚至比用戶自己都更了解他，並最終與人們的行為和生活融為一體。在工作形式、日常交流以

及公共交通等方面，智慧型穿戴裝置也可能帶來社會變革，改變人們的生活方式。

在行動通訊技術不斷進步的趨勢下，高速度、低延遲和多連結特點的 5G 技術走進了人們的生活。如同 1G、2G、3G、4G 的發展一樣，未來行動通訊技術會經歷新的技術進步和代際躍遷，並最終滲透到經濟社會的各個行業與領域。

元宇宙的運轉需要以先進的通訊技術作為支撐，如果行動通訊技術能夠真正滿足網路中的參與者即時資訊共用的需求，那麼也就預示著元宇宙時代將真正到來。屆時網路建設的重點將轉移到遠距離、邊緣化的網路上。整個元宇宙空間中的網路不僅運算力更強，資料的整合和處理能力也將獲得大幅提升。

到目前為止，基本上所有 3D 圖像的成像，都是基於光線在物體表面的反射原理。利用光線，不僅能夠呈現豐富立體的圖像，也使得電影等多個領域擁有更大的發展空間。隨著萬物連結時代的到來，視覺技術也會不斷升級，並與即時視覺化、人工智慧等融合，構建出一個更加多樣化的宇宙。

3. 未來的開放型網路社群

網路在發展初期是高度分散式的，而隨著相關技術的進步，其越來越規範化和標準化。元宇宙的發展可能也會經歷類似的階段，借助先進的技術和開放的網路環境，而變得更加民主。元宇宙可以依賴的技術如下：

· **WebAssembly**：一種可以使用非 JavaScript 程式語言編寫，並能在瀏覽器上運行的技術方案。不僅如此，其還能夠帶來更與眾不同的效果和新的性能特徵。

· **Web Graphics Library**：一種 3D 繪圖協定，能夠完美解決現有網頁上互動式 3D 動畫的主要問題。

· **WebXR**：一種將渲染 3D 場景呈現於虛擬世界的技術，可以為應用程式商店以外的程式設計沉浸式體驗。

WebAssembly 這樣的平臺由於具有極強的開放性，因此其不僅可以大幅增加潛在創作者的數量，還能夠促進軟體工程專案之間的合作。根據里德定律、零知識證明等內容，元宇宙為社群的建立創造了良好的條件，並能夠大大提升虛擬空間所具有的價值。

· 里德定律（Reed's Law）：指的是隨著網路人數的增長，創建群體網路的價值呈指數級增加。Slack、WhatsApp 等應用程式的發展過程，都在一定程度上證明了里德定律。當一個虛擬空間中允許建立社群並自由交流時，該空間的價值也會隨之攀升。

· 零知識證明（Zero-Knowledge Proof）：指的是證明者能夠在不向驗證者洩露任何有效資訊的情況下，仍能說服驗證者某個訊息是正確的。在某些領域，零知識證明可以有效解決問題。而在應用程式中，零知識證明的使用主要與蒐集使用者個人資訊有關。

由於元宇宙中包含與現實世界映射的經濟系統，因此元宇宙的運營需要由區塊鏈提供支援。區塊鏈所具有的去中心化、不可篡改、全程記錄、可追溯性、共同維護、公開透明等特點，使得其中的資訊能夠以安全可靠的方式被保留下來。

需要說明的是，區塊鏈技術的一個特點是可編寫性，而這一特性與智慧型合約和乙太坊等極具關聯。根據上文提到的里德定律，網路中節點的數目與其所擁有的價值呈正相關。在元宇宙中，虛擬資產的流通也遵循這樣的規律。

雖然元宇宙的本質是一個虛擬的空間，但並不代表其中所有的行為都是自由、不受約束的。虛擬空間的運作仍有許可權、審核等方面的限制。因此，對網路程式的開發者而言，需要基於順暢發展的原則避開相關的限制。

　　以《機器磚塊》為例，其不僅包含了虛擬世界、休閒遊戲和
自創內容的遊戲，而且遊戲中的很多作品都是由玩家自行創建的。
截至 2019 年，在平臺上進行 3D、VR 等內容開發的青少年開發者，
已經超過 500 萬人。

　　《機器磚塊》這種開放的網路系統，雖然有一定的局限性，
卻使得使用者更有安全感。未來在元宇宙的框架之下，也可能存
在一些由不同程式組成的，類似超連結的虛擬世界，以此將不同
的社群連結在一起。

國家圖書館出版品預行編目（CIP）資料

元宇宙，懂這些就夠：大白話說明，元宇宙如何改變
你的吃喝玩樂、上班、創作與賺錢模式，早習慣早過
好日子。/ 黃安明、晏少峰著 . -- 初版 . -- 臺北市：大
是文化有限公司，2022.11
304 面；17×23 公分 . --（Biz；409）
ISBN 978-626-7192-08-5（平裝）

1. CST: 虛擬實境　2. CST: 數位科技　3. CST: 產業發展

312.8　　　　　　　　　　　　　　　111013069

Biz 409

元宇宙，懂這些就夠

大白話說明，元宇宙如何改變你的吃喝玩樂、上班、創作與賺錢模式，早習慣早過好日子。

作　　　者／黃安明、晏少峰
責任編輯／楊皓
校對編輯／連珮祺
美術編輯／林彥君
副 主 編／馬祥芬
副總編輯／顏惠君
總 編 輯／吳依瑋
發 行 人／徐仲秋
會計助理／李秀娟
會　　　計／許鳳雪
版權主任／劉宗德
版權經理／郝麗珍
行銷企劃／徐千晴
行銷業務／李秀蕙
業務專員／馬絮盈、留婉茹
業務經理／林裕安
總 經 理／陳絜吾

出 版 者／大是文化有限公司
　　　　　臺北市 100 衡陽路 7 號 8 樓
　　　　　編輯部電話：（02）23757911
　　　　　購書相關諮詢請洽：（02）23757911 分機 122
　　　　　24 小時讀者服務傳真：（02）23756999
　　　　　讀者服務 E-mail：dscsms28@gmail.com
　　　　　郵政劃撥帳號：19983366　戶名：大是文化有限公司

法律顧問／永然聯合法律事務所
香港發行／豐達出版發行有限公司 Rich Publishing & Distribution Ltd
　　　　　地址：香港柴灣永泰道 70 號柴灣工業城第 2 期 1805 室
　　　　　　　　Unit 1805, Ph. 2, Chai Wan Ind City, 70 Wing Tai Rd, Chai Wan, Hong Kong
　　　　　電話：21726513
　　　　　傳真：21724355
　　　　　E-mail：cary@subseasy.com.hk

封面設計／陳嶸　內頁排版／林雯瑛
印　　　刷／緯峰印刷股份有限公司
出版日期／2022 年 11 月初版
定　　　價／380 元（缺頁或裝訂錯誤的書，請寄回更換）
I S B N／978-626-7192-08-5
電子書 I S B N／9786267192092（PDF）
　　　　　　　　9786267192108（EPUB）

Printed in Taiwan